Lawal Mohammad Anka

Potenciais de desenvolvimento agrícola no Estado de Zamfara, na Nigéria

Lawal Mohammad Anka

Potenciais de desenvolvimento agrícola no Estado de Zamfara, na Nigéria

Um levantamento de provas empíricas

ScienciaScripts

Imprint

Any brand names and product names mentioned in this book are subject to trademark, brand or patent protection and are trademarks or registered trademarks of their respective holders. The use of brand names, product names, common names, trade names, product descriptions etc. even without a particular marking in this work is in no way to be construed to mean that such names may be regarded as unrestricted in respect of trademark and brand protection legislation and could thus be used by anyone.

Cover image: www.ingimage.com

This book is a translation from the original published under ISBN 978-620-2-09550-1.

Publisher:
Sciencia Scripts
is a trademark of
Dodo Books Indian Ocean Ltd. and OmniScriptum S.R.L publishing group

120 High Road, East Finchley, London, N2 9ED, United Kingdom
Str. Armeneasca 28/1, office 1, Chisinau MD-2012, Republic of Moldova, Europe
Printed at: see last page
ISBN: 978-620-7-99151-8

ÍNDICE DE CONTEÚDOS

DEDICAÇÃO

Este livro é dedicado em memória do meu falecido pai. Alhaji Muhamamdu Madawaki Anka 1929 - 1993 Que a sua alma descanse em perfeita paz. Que Alá o abençoe Aljanna Firdausi Amin Summa Amin.

PREÂMBULO

A agricultura continua a ser uma componente fundamental da economia nigeriana. Atualmente, contribui com cerca de 40% do PIB nigeriano e emprega cerca de 70% da população ativa. No entanto, o sector tem vindo a subestimar significativamente o seu potencial.

O fornecimento de factores de produção agrícola também tem sido geralmente insuficiente. O consumo nigeriano de fertilizantes, de 7 kg/hectare, é um dos mais baixos da África Subsariana. Menos de 10% das terras irrigáveis estão a ser irrigadas. Os serviços de extensão dos agricultores são grosseiramente inadequados. Atualmente, existe 1 extensionista para 25.000 famílias de agricultores na Nigéria, em comparação com a melhor prática de 1 para 500 - 1000.

Existem cerca de 30.000 tractores para todos os 14 milhões de grupos/famílias de agricultores na Nigéria. No domínio da transformação, a Nigéria regista perdas significativas de 15% a 40% devido à sua incapacidade de transformar a maior parte dos seus produtos agrícolas. No que respeita à produção pecuária, os abastecimentos locais têm sido inadequados, estimando-se que 30% dos abates de gado sejam importados dos países vizinhos. A ingestão diária de proteínas animais por cabeça e por dia é atualmente de 10 gramas, em comparação com os 36 gramas recomendados pela FAO.

O Estado de Zamfara é um Estado agrário com mais de 90% da sua população empregada na agricultura através da preparação/produção, transformação e comercialização de terras, razão pela qual o Estado tem **como lema "A agricultura é o nosso orgulho"**. A história demonstrou e provou este facto. A agricultura no Estado de Zamfara está a ser utilizada como plataforma para uma rápida transformação social e económica nos domínios da produção de matérias-primas, da redução da pobreza e, no final, para estimular o crescimento das indústrias de base agrícola no Estado.

O presente livro, escrito pelo Dr. Lawal Mohammad Anka, baseia-se nas suas várias descobertas de investigação em todas as zonas geopolíticas do Estado. O livro é composto por 11 capítulos. Na sua maioria, os capítulos tratam do desenvolvimento agrícola, do desenvolvimento de Fadama, do programa ZACAREP, do programa assistido pelo FIDA e do projeto de desenvolvimento agrícola. O trabalho realizado pelo Dr. Anka é original e notável em termos de implicações políticas para o futuro desenvolvimento agrícola no Estado de Zamfara, na Nigéria.

O autor não só estabeleceu um padrão para outros trabalhos de investigação a realizar por outros académicos sobre a agricultura no Estado de Zamfara, como também tirou boas conclusões úteis para a conceção de novas estratégias de combate à pobreza rural. Creio que este livro ajudará os estudantes de politécnicos, escolas superiores de educação e universidades a conhecer a agricultura no Estado de Zamfara, os seus problemas, perspectivas e o caminho a seguir.

Este livro é recomendado a todos os interessados em efetuar investigação sobre agricultura e servirá como material de referência no futuro.

NASIRU GALADIMA

Chefe do Departamento de Meios de Subsistência Rurais

Projeto Zamfara Fadama III Estado de Zamfara Nigéria.

3rd setembro, 2017

PREFÁCIO

A agricultura é o maior sector da economia da Nigéria. Contribui para cerca de 40% do PIB, emprega cerca de 70% da mão de obra do país e é uma importante fonte de divisas. Cerca de 60% da população vive nas zonas rurais da Nigéria e depende da agricultura para a sua subsistência.

O Governo identificou a agricultura como uma área prioritária para resolver os problemas do desemprego, da redução da pobreza e da promoção do desenvolvimento económico. A política agrícola centra-se na segurança alimentar sustentável, no aumento da produtividade, na agricultura comercial, na substituição das importações, na diversificação dos rendimentos e na orientação para as exportações.

O objetivo político global consiste em aumentar a produtividade e a rentabilidade da comunidade agrícola, permitindo ao país elevar o nível de vida das massas rurais. Foram tomadas medidas para reduzir o custo dos factores de produção agrícola no âmbito do programa de transformação agrícola da atual administração. No que diz respeito à aquisição de produtos agrícolas, o papel do sector privado está a ser realçado, conduzindo a uma parceria entre o sector público e o sector privado.

Os serviços institucionais de investigação e extensão agrícola têm por objetivo aumentar a produtividade e a rentabilidade dos agricultores e resolver os problemas com que se depara a comunidade agrícola a nível do terreno. Está a ser feita uma tentativa de criar um ambiente favorável aos agricultores para comercializarem os seus produtos a preços razoáveis.

A agricultura continuará a ocupar um lugar único na economia do Estado de Zamfara. Estima-se que a agricultura, nas suas várias formas, fornece os meios de subsistência a mais de 80% da população do Estado. Zamfara é abençoado com uma grande área de terra arável e fértil que suporta uma variedade de culturas. Calcula-se que mais de 3,5 milhões de hectares sejam cultivados no Estado de Zamfara, representando cerca de 30% da área.

O presente livro sobre Agricultura no Estado de Zamfara, na Nigéria: Issues, Problems, Prospects and Empirical findings baseia-se na investigação que realizei em todas as zonas geopolíticas do Estado. Fiz amplas consultas e entrevistei os meus principais inquiridos e os inquiridos da amostra relativamente a várias questões com que a agricultura se confronta e à forma de resolver os vários problemas. Descobriu-se que existem grandes oportunidades na produção de algodão no Estado. Existem oportunidades para criar sociedades cooperativas que participem na produção de algodão e para ressuscitar as 9 fábricas de descaroçamento e as indústrias têxteis, o que criará oportunidades de emprego para os jovens que abandonam a escola.

O livro é composto por 11 capítulos que se centram especificamente em todos os programas de agricultura e desenvolvimento rural do Estado. Estou certo de que os decisores políticos, as ONGs, os académicos, os investigadores e os estudantes de programas de graduação e pós-graduação considerarão este livro um material de referência útil. No entanto, são bem-vindas críticas construtivas sobre como melhorar a qualidade deste livro.

Gostaria de agradecer à comunidade agrícola pela cooperação que me deram durante o período de recolha de dados para este livro.

Por último, gostaria de expressar a minha sincera gratidão e apreço ao Sr. David por ter dispensado o seu tempo para dactilografar o manuscrito com empenho, sinceridade e espírito de boa vontade.

DR. LAWAL MOHAMMAD ANKA Gusau, Estado de Zamfara.

Nigéria.

6th novembro de 2017

LISTA DE ACRÓNIMOS E ABREVIATURAS

Abbreviation	Meaning
NAERLS	National Agricultural Extension Research Liaison Services.
NFRA	National Food Research Agency.
ZACAREP	Zamfara Agricultural Revolution Programme.
SSP	Single Superphosphate Fertilizer.
NPK:	
MT	Metric Tonnes
IITA	International Institute For Tropical Agriculture.
NPFS	National Programme on Food Security.
NA	Not Applicable
L.G.A	Local Government Area
MDG	Millennium Development Goals.
ZMSG	Zamfara State Government.
ZADP	Zamfara Agricultural Development Project
FCT	Federal Capital Territory
LBA	Licensed Buying Agents.
SADP	Sokoto Agricultural Development Project.
ADP	Agricultural Development Projects.
GADP	Gusau Agricultural Development Project.
NATSP	National Agricultural Technology Support Project.
NFDP 1	National Fadama Development Project 1

FUA	Farmers Users Association.
ADPEC	Agricultural Development Project Executive Committee.
GPC:	
PM	Programme Manager
DPM(AS)	Deputy Programme Manager Agricultural Services.
DPM (Fad)	Deputy Programme Manager Fadama
DPM (Adm)	Deputy Programme Manager Administration.
DPME	Director Planning, Monitoring and Evaluation
FC	Financial Controller
PMU	Project Management Unit
ABU	Ahmadu Bello University
WIA	Women In Agriculture
SPATs	Small Plot Adaptive Techniques
OFAR	Off Farm Agricultural Research
QTRM	Quarterly Training Meeting
SG 2000	Sasakawa Global 2000
NGOs	Non – Governmental Organizations
PCU	Project Coordinating Unit
SMS	Subject Matter Specialist
BES	Block Extension Supervisor
ZSEO	Zonal Senior Extension Officer
FCA	Fadama Community Association

FUG	Fadama User Group
FUEF	Farmers User Equity Fund
LDP	Local Development Plan
SFCO	State Fadama Coordination Office
FUA	Fadama User's Association
NFDP II	National Fadama Development Project II
FACU	Federal Agricultural Coordinating Unit
UNDP	United Nations Development Programme
ILO	International Labour Organization
IFAD	International Fund for Agricultural Development
Ho	Null Hypothesis
H_A	Alternate Hypothesis
CGIAR	Consultative Group of International Agricultural Research
NACRDB	Nigeria Agricultural Credit and Rural Development Bank
ZASIDEP	Zamfara Integrated Development Programme
SSCE	Senior School Certificate
NCE	Nigeria Certificate of Education
B.Sc. (Hons)	Bachelor of Science (Honours) Degree
HND	Higher National Diploma
M.Sc.	Master of Science
Ph.D	Doctor of Philosophy

CDD	Community Driven Development
CBARDP	Community Based Agriculture and Rural Development Project
GDP	Gross Domestic Proudct
MDAs	Ministries, Department and Agencies
M & E	Monitoring and Evaluation
IFPRI	International Food Policy Research Institute
NIPSS	National Institute for Policy and Strategic Studies Kuru Nigeria
FMARD	Federal Ministry of Agriculture and Rural Development
SWOT	Strength, Weakness Opportunities and Threats Analysis
NIRSAL	Nigeria Incentive Based Risk Sharing System for Agricultural Lending
CBN	Central Bank of Nigeria
FFS	Farmers Field School
WACOT	West African Cotton Organization
ATA	Agricultural Transformation Agenda
EKSADP	Ekiti State Agricultural Development Project.
ICT	Information and Communication Technology.

CAPÍTULO 1

<u>HISTÓRIA, CULTURA, GEOGRAFIA E POTENCIALIDADES ECONÓMICAS DO ESTADO DE ZAMFARA</u>

<u>ANTECEDENTES HISTÓRICOS:</u>

O Estado de Zamfara é um dos Estados criados em 1st de outubro de 1996 pelo General Sani Abacha, Chefe de Estado e Comandante-em-Chefe das Forças Armadas da Nigéria.

O Estado recebeu o seu nome de Zamfarawa, a designação tradicional pela qual os habitantes de Anka, uma cidade que tinha sido a sede do Império de Zamfara desde tempos antigos, eram chamados desde há muito tempo. A criação do Estado pôs termo a décadas de agitação incessante.

O Reino de Zamfara foi um dos reinos que constituíram o antigo Califado de Sokoto no século XV. O reino estendia-se desde a curva do rio Rima, no Norte, até ao rio Ka, no Sudoeste. Na primeira década do século XVIth . O Reino de Zamfara tinha-se tornado uma dinastia florescente que funcionava sob o sistema Sarauta de Sarkin Zamfara. A sua primeira capital foi Dutsi, que inclui Bakurukuru, Dakka, Kakai-Kai, Dudufaru, Jatau e a Rainha Yargoje.

A rainha Yargoje subiu ao trono em 1310 e reinou até 1350. Mudou a capital do Reino de Dutsi para uma área estrategicamente mais defensável em Kuyambana, uma zona de floresta densa a sudoeste. Pensa-se que esta zona se situa atualmente em Dansadau. Yargoje foi uma governante muito poderosa e o seu reinado deu início a uma era de paz e progresso no Reino. Os vestígios desta dinastia são hoje uma atração turística, enquanto o seu famoso candeeiro, o candeeiro de Yargoje, é um dos artefactos mais importantes do Museu do Gabinete de História do Estado de Zamfara e Sokoto. O seu sucessor imediato mudou novamente a capital para Birnin Zamfara.

No entanto, este poderoso reino entrou em colapso quando a sua capital, Birnin Zamfara, foi destruída pelas forças de Gobirawa na segunda metade do século XVIII.[th] . Este facto levou a uma nova deslocação da capital para sul. [th]A capital foi instalada temporariamente em Kiyawa, Morai, Sabon Gari e, finalmente, em Anka, onde foi construída uma nova capital permanente na segunda metade do século XIX.

Antes da Jihad, o reino de Zamfarawa era uma potência incontornável no contexto sócio-geográfico da época em terras hauçá. Quando a Jihad eclodiu em 1840, Zamfara tornou-se a base a partir da qual os jihadistas lançaram campanhas contra Gobir e Kebbi. A segurança disponível em Zamfara reforçou o seu significado e importância estratégica na apreciação do líder jihadista Sheikh Shehu Usman Danfodio. Assim, quando decidiu fugir ao assédio constante de Kebbi e Gobir, foi para o território de Zamfara que se dirigiu com os seus seguidores. Mudou-se para Sabon Gari, onde o Sarkin Zamfara Abarshi já tinha estabelecido um quartel-general da guarnição (Sabon - Gari), na atual área da administração local de Bakura.

No interior do território do Império Zamfara, nessa época, residiam também outras tribos e comunidades étnicas, incluindo pequenos grupos de povoações Fulani espalhadas por todo o Império, especialmente em Zurmi, Bungudu, Jabaka (no distrito de Maru) e Jangeru (governo local de Isa), Katsinawa, na fronteira oriental de Yarnambana e Burmaura, no distrito de Bakura. Estes grupos étnicos estabeleceram-se ao lado dos Zamfarawa e, com o tempo, interagiram livremente e até casaram entre si.

Após a Jihad, alguns dos principais tenentes de Shehu Usman Danfodio foram nomeados para administrar partes do reino, tendo-lhes sido atribuídos poderes plenipotenciários. O chefe do clã Alibaura (Abu Hamid) foi nomeado Sarkin Zamfara. Foi destacado para Zurmi, Mallam Sambo Dan Ashafa como Sarkin Katsinan Gusau Ibrahim Dan Zundumi como Sarkin Fulanin Bungudu, Namoda como Sarkin Kiyawa baseado em Kaura Namoda, enquanto o título de Bango foi conferido a Dadi, um Fulani de Adar residente em Maru. Durante a era colonial e mesmo após a independência em 1960, Zamfara ainda era considerada semi-autónoma pelos sucessivos governos. Foi por isso que foi colocado em Gusau um oficial adjunto de divisão para se encarregar da subtesouraria e de outros gabinetes administrativos zonais estabelecidos na cidade. Até a Autoridade Nativa de Sokoto criou delegações da Autoridade Nativa para supervisionar a administração da zona.

Sir Ahmadu Bello, o Sardaunan de Sokoto e primeiro primeiro-ministro da extinta Região do Norte, foi destacado para Gusau em 1938 para dirigir e supervisionar todas as delegações administrativas nativas do distrito de Gusau.

Agitação para o reconhecimento de Zamfara como uma unidade administrativa autónoma:

Durante todo este tempo, Zamfara permaneceu muito poderosa na história do Sudão ocidental, apesar de todas as convulsões políticas que ocorreram.

a.   **Pré - Jihad:** Zamfara era um império reconhecido e respeitado por todos os seus vizinhos. Foi o rei de Zamfara que permitiu que os Gobirawa se instalassem no seu território quando o seu líder Bahan veio de Goran Rami (atualmente na República do Níger).

a. **Durante - Jihad:** De acordo com o Sultão Bello no seu livro erudito Infakul Maisuri, após a derrota e retirada em Jsuntsuwa, as forças de Shehu retiraram-se para o território dos seus aliados de Zamfara. Decidiram estabelecer a sua base em Sabon Gari, em 1805, tendo em conta o facto de o próprio Shehu ter reconhecido Zamfara como uma entidade política.

b.   **Deslocação dos governantes de Zamfara:** Apesar do facto de os Gobirawa terem desalojado os governantes de Zamfara de Birnin Zamfara e Kiyawa, o povo permaneceu nas suas localidades e manteve a luta pela liberdade.

c.   **Ocupação britânica:** Na altura em que os britânicos ocuparam

Sokoto, o Império Zamfara ainda era viável como um reino distrital com o governante principal (Sarkin Zamfara) em Anka e os vice-reis a governar em Talatar Mafara, Bukkuyum e Gummi.

Exigência de uma autoridade nativa separada e de um Estado para Zamfara:

Em 1962, o povo de Zamfara, como uma entidade única, procurou obter uma autoridade nativa separada. No entanto, a questão foi enterrada durante mais de quinze anos (1967 - 1982). Voltou a ecoar durante a administração Shagari, em conformidade com a disposição da Secção 8 da Constituição de 1979, Zamfara, sendo uma comunidade viável, apresentou à Assembleia Nacional um pedido de criação do Estado de Zamfara a partir do Estado de Sokoto. O memorando relativo ao pedido foi assinado por líderes comunitários e representantes eleitos de todos os 12 governos locais existentes. Dos 65 pedidos de criação de novos Estados apresentados à Assembleia Nacional na altura, apenas 21 se qualificaram para serem submetidos a referendo.

As indiscutíveis potencialidades económicas e a estabilidade política do proposto Estado de Zamfara colocaram-no no topo da lista dos vinte e um pedidos que se qualificaram. O governo de Shagari reconheceu a conveniência da criação do Estado de Zamfara e estava prestes a fazê-lo juntamente com os outros 20, mas foi impedido pelo golpe de Estado de 1983.

Do mesmo modo, em 1991, durante a administração Babangida, quando foram criados nove Estados, o Estado de Zamfara estava entre os nove

Estados a serem criados. No entanto, por razões desconhecidas, a decisão foi surpreendentemente alterada a favor do Estado de Kebbi.

Desta excursão histórica resulta inequivocamente claro que a região de Zamfara sempre procurou, de forma vociferante, tenaz e implacável, tornar-se independente desde tempos imemoriais e aproveitou todas as oportunidades disponíveis para exigir um novo Estado próprio. A forma digna e madura como o objetivo foi prosseguido é altamente louvável e retrata a boa imagem do Estado de Zamfara e do seu povo em geral.

Após décadas de agitação incessante, o Estado de Zamfara foi criado em 1st de outubro de 1996 pelo antigo Chefe de Estado Militar, General Sani Abacha. Após a sua criação, o Coronel Jibril Bala Yakubu foi nomeado o primeiro Administrador Militar do Estado. Lançou as bases concretas e sólidas do Estado através da criação da máquina governamental. Durante o seu reinado, o Estado registou um rápido desenvolvimento, especialmente no que diz respeito ao fornecimento de infra-estruturas básicas.

LOCALIZAÇÕES GEOGRÁFICAS:

Localização: O Estado de Zamfara tem 14 administrações locais. Abrange uma área terrestre de 38 418 km2. Tem o Estado de Sokoto a norte, os Estados de Kebbi e do Níger a oeste, Katsina a leste e Kaduna a sul.

Precipitação: A quantidade média de precipitação na zona oscila entre trinta e seis (36) e oitenta (80) milímetros por ano.

Rios: Existem quatro rios principais no Estado, nomeadamente: Ka, Bunsuru, Gagare e Zamfara.

Lagos: Existem vários lagos em Zamfara. Os mais famosos são o Dangulbi (Kakale) e o Bakura (Natu) e os mais pequenos são o Saru (Gummi) e o Jena (Zurmi): Saru (Gummi) e Jena (Zurmi).

Climas:

a. Estação seca (incluindo Harmattan) novembro a maio.

b. Época das chuvas de junho a outubro.

Geologia: Zamfara faz parte da cintura geológica de idade précambriana formada como resultado de metamorfose e actividades ígneas. As partes de granito dividem-se em grupos. Os granitos mais jovens e os mais antigos são mais difundidos. Formam colinas suaves e arredondadas que caracterizam a paisagem da zona do complexo basáltico. Por vezes, as colinas atingem os 200 metros. Um bom exemplo é encontrado em Kotorkoshi e Tsafe. Os granitos mais jovens, de idade jurássica, intrometem-se no complexo basáltico na zona do planalto, como em Yandoto. Existem sedimentos terciários que resultaram em calcário, argila, pedra de grafite e carvão.

Vegetação: A vegetação é um híbrido de Savana do Sul do Sudão e Savana do Norte da Guiné.

População: A população de Zamfara foi estimada em 2 231 402 pessoas (Censo de 1991). Em 2013, a população de Zamfara aumentou para 3,5 milhões de pessoas.

<u>**Transporte / Comunicação:**</u>

(a) <u>**Estradas e caminhos-de-ferro:**</u> O Estado de Zamfara é abençoado com uma vasta rede de boas estradas inter e intra-estatais. Estas estão a ser melhoradas e alargadas com a adjudicação de contratos para a sua reabilitação e reparação pelo Governo do Estado sob a liderança competente do primeiro governador democraticamente eleito, Alhaji Ahmad Sani Yariman Bakura. O segundo e o terceiro governadores eleitos contribuíram igualmente para o desenvolvimento da empresa de transportes de Zamfara. A empresa fornece uma frota de autocarros que circulam dentro e fora do Estado de Zamfara a preços subsidiados para o público em geral. O sistema ferroviário nacional já está a ser reativado pelo Governo Federal e, quando estiver totalmente operacional, melhorará ainda mais os transportes no Estado de Zamfara, uma vez que tanto Gusau como Kaura Namoda estão ligados à rede ferroviária.

(b) <u>**Pista de aterragem**</u>:- Existe uma pista de aterragem em Gusau que é gerida pelo Governo Federal. Esta poderia ser facilmente desenvolvida e transformada num aeroporto de nível internacional no futuro.

(c) <u>**Telefone**</u>:- O Estado está ligado a nível nacional e internacional por telefones modernos. A maior parte das grandes cidades e as 14 áreas governamentais locais estão ligadas ao mais recente sistema telefónico digital. Do mesmo modo, todas as principais empresas de GSM estabeleceram as suas sucursais em todas as principais cidades do Estado.

(d) **Comunicação de massas**:- O Estado tem uma estação de rádio e de televisão. Os jornais Legacy e Bazamfara são propriedade do Governo do Estado. Estão em circulação nos Estados do Norte e na FCT. O Governo Federal criou uma estação de rádio FM situada perto da FCE(T) Gusau

Potencialidades Económicas da Agricultura do Estado:.

A agricultura ocupa um lugar único na economia do Estado de Zamfara. Estima-se que a agricultura, nas suas várias formas, fornece os meios de subsistência a mais de 80 por cento da população da região. Continua a ser a espinha dorsal do Estado de Zamfara. Zamfara é abençoada com uma grande área de terra arável e fértil que suporta uma variedade de culturas. Estima-se que mais de 3,5 milhões de hectares sejam cultivados na região de Zamfara, o que representa cerca de 30% da área. A agricultura é uma importante fonte de alimentos, matérias-primas industriais e oportunidades de emprego para um grande número de pessoas na região. As principais culturas cultivadas na região de Zamfara incluem: arroz, painço, milho-da-índia, feijão e trigo. As principais culturas de rendimento são o algodão, o amendoim e o tabaco, bem como os frutos e os produtos hortícolas, que também são cultivados em grandes quantidades na região.

A agricultura continua a merecer atenção prioritária na região de Zamfara e os resultados mais espectaculares foram obtidos com o investimento no projeto de desenvolvimento agrícola que foi financiado e executado com a assistência do Banco Mundial, o primeiro do seu género na Nigéria. No final do período do projeto, tinham sido investidos mais de 320 milhões de euros e, consequentemente, verificou-se um aumento significativo da produção agrícola na zona do projeto.

Acredita-se firmemente que mais de 65% das culturas de rendimento produzidas no antigo Estado de Sokoto foram produzidas na região de Zamfara. Durante o boom agrícola das décadas de 1950, 1960, 1970 e 1980, a região de Zamfara foi o segundo maior produtor de amendoim e o segundo maior produtor de algodão em todo o país. Antes do advento do petróleo, a região de Zamfara contribuiu substancialmente para o desenvolvimento da economia do país através da produção de algodão e de amendoim, que eram até então a principal fonte das tão necessárias divisas da Nigéria. É pertinente referir que a região de Zamfara produz cerca de 49% de todas as folhas de tabaco produzidas na Nigéria. Foi em reconhecimento da importância de Zamfara neste sector que a Nigerian Tobacco Company Limited (NTC) criou um centro de formação em produção de tabaco em Shinkafi.

Para além da produção de alimentos e de culturas de rendimento, a população do Estado de Zamfara dedica-se ao desenvolvimento maciço da pecuária, com um número crescente de bovinos, ovinos, caprinos e aves de capoeira. Estima-se que o efetivo pecuário de Zamfara seja superior a 12 milhões de cabeças. Para além do grande número de cabeças de gado, muitos dos produtos agrícolas constituem a base de um comércio interestatal estabelecido.

O que precede mostra claramente que a agricultura é a principal fonte de matérias-primas industriais para as indústrias agro-alimentares e proporciona oportunidades de emprego a um grande número de pessoas no Estado de Zamfara. Assim, devido às suas enormes potencialidades agrícolas, o Estado de Zamfara é capaz de gerar receitas em divisas para a economia nacional. As enormes matérias-primas agrícolas do Estado de Zamfara proporcionam abundantes oportunidades de investimento futuro nas indústrias agro-alimentares, tais como: moinhos de farinha e de arroz, conservas de tomate, indústrias de transformação de carne e fabrico de calçado (ZMSG, 2001).

DEPÓSITOS MINERAIS

Os estudos geológicos do subsolo revelaram que a argila, o ferro, o minério, o calcário, o ouro e o amianto/talco estão disponíveis em quantidades comerciais no Estado de Zamfara.

i.	**Argila:** Disponível ao longo do vale de Zamfara, onde já existe uma fábrica de tijolos queimados em Talata Mafara.

ii.	**Ouro:** Disponível ao longo do vale do rio Zamfara. Informações documentadas revelam que a extração mineira em pequena escala alguma vez realizada resultou na produção de 30 000 onças por ano. O Estado de Zamfara possui o segundo maior depósito de ouro do país, a seguir ao Estado de Osun. A extração mineira teve início em 1932 nas áreas dos governos locais de Anka, Bungudu, Gusau e Bukkuyum. Em 1937, o volume de exploração atingiu 308 000 onças por ano. Em 1939, as minas foram encerradas devido à eclosão da Segunda Guerra Mundial. No entanto, é de salientar que, devido à grande quantidade de depósitos minerais descobertos na região de Zamfara, um inspetor de minas do serviço de minas da zona de Jos foi destacado para Zamfara e colocado em Gusau, a capital do Estado.

iii. **Amianto/conto:**- O amianto ferroso encontra-se no subsolo de Tsafe, perto da atual fronteira entre Sokoto e Katsina.

Desenvolvimento industrial:

O Estado tem uma base de desenvolvimento industrial muito sólida devido à disponibilidade de argila, granito, cromite, charnovite, caulino, silola, muscorite, calcário, gesso, bronze, sal, gravite, galena, aluvia, ouro, potassa, fosfato, minério de ferro3 e laterite.

1. **Indústrias existentes:** As principais indústrias existentes são

a. Empresa de Fertilizantes do Estado de Zamfara

b. Fábricas de têxteis de Zamfara

c. Dois lagares de azeite

d. 10 Fábricas de descaroçamento / Curtumes

e. Uma fábrica de doces

f. Empresa de depósitos minerais (gerida por chineses)

g. Fábricas de mobiliário

h. Empresas de água pura

i. Padarias, etc.

<u>**Potencialidades / Sustentabilidade:**</u>

O Estado tem um potencial muito elevado e muitos atractivos para investimentos. Possui matérias-primas agrícolas e minerais. As oportunidades de investimento abundam nas indústrias agro-alimentares e minerais, como o moinho de farinha, o moinho de arroz, as conservas de tomate, a transformação de carne, a indústria do calçado, a fábrica de fertilizantes, as fábricas de pó e de sal.

Com base no conjunto de recursos humanos, materiais e minerais disponíveis no Estado, o Estado é muito viável e será capaz de se sustentar agora e no futuro.

<u>**Artes e ofícios:**</u>

Para além da agricultura, uma boa percentagem da população de Zamfara está envolvida na produção de artes e ofícios. Entre os mais importantes contam-se: ferraria, tecelagem, tinturaria, escultura em madeira, decoração de cabaças, trabalhos em couro e trabalhos manuais. A gama de produtos de lembrança de artes e ofícios susceptíveis de despertar o interesse dos visitantes é a seguinte

i.   <u>**Tecelagem local:-**</u> Uma atração interessante em Zamfara é talvez observar a arte da tecelagem local de produtos de algodão em sessão que pode ser vista habitualmente nas cidades de Bungudu ou Gusau. Os produtos acabados incluem:- vestuário de senhora e de homem. Zamfara é particularmente conhecida pelo seu "Yan-Bungudu", um vestido bordado feito em tear tradicional e cosido à mão com linha e agulha. Em seguida, é-lhe dado o seu bordado caraterístico, normalmente com fio verde ou branco. Os materiais de cama (Gwado) e outros materiais decorados são comuns. A arte da tecelagem abrange a utilização de produtos de reparação, tais como tapetes locais (tabarma), coberturas de pratos (faifai), leques de mão (mahehechi), caixas locais (Adudu), cestos de escritório (caixote do lixo) e contentores de fruta (kwando), etc.

ii. **Escultura em madeira e cabaça:-** A escultura em madeira e cabaça é outro importante património da indústria de artes e ofícios do Estado. Gummi é famosa pela sua cabaça. Normalmente, as esculturas em madeira e cabaça são produzidas para uso doméstico, como um conjunto de pratos (Akushi), um pilão (tabarma). Almofariz (Turmi) \, cadeira (kujera) e utensílios agrícolas variados. Os visitantes podem comprar uma variedade de produtos de madeira colorida e de cabaça em qualquer mercado local, especialmente no mercado de Gummi, ou nas lojas de recordações do hotel Gusau.

iii. **Ferraria:** A ferraria é uma das profissões antigas do povo Zamfara. As provas da utilização e da perícia dos primeiros trabalhos de ferraria podem ser vistas na exposição do Estado de Zamfara

Museu do Gabinete de História. Os produtos típicos da ferraria incluem: equipamento de guerra medieval, decorações para cavalos de construção e outros equipamentos domésticos e utensílios agrícolas variados.

iv. **Produtos de olaria:** A arte de fazer cerâmica é outra atração fascinante em Zamfara. Os visitantes podem assistir a todo o processo de fabrico de cerâmica em Gusau, Birnin Magaji, Shinkafi, Gummi ou Bungudu. A parte mais interessante do processo é a enorme chama de fogo que é preparada durante a noite para dar uma cor dourada e uma textura suave a todos os produtos de cerâmica acabados.

v.   **Produtos têxteis tingidos**: A arte de tingir é muito antiga em Zamfara. Os famosos poços de tinturaria encontram-se espalhados pelas paisagens de muitas cidades do estado. Há uma variedade de produtos têxteis bordados disponíveis para os visitantes locais e estrangeiros. Os produtos típicos vão desde o vestuário completo para homens e senhoras até à decoração de interiores variada que pode ser utilizada em casas, hotéis, restaurantes e escritórios. Estes artigos incluem: cortinas, toalhas de mesa, capas de almofadas, lençóis e tapeçarias de parede. Os poços de tingimento, que constituem a base da indústria de tingimento, encontram-se em grande concentração em Birnin Magaji, Bukkuyum, Shinkafi, Zurmi e Maradun.

vi. **Produtos de couro**:- Uma das mais formidáveis indústrias artesanais locais que resistiu ao teste do tempo é a indústria de artigos de couro. É a ocupação predominante de um número significativo de habitantes de Zamfara. Atualmente, estão disponíveis na maioria dos mercados do Estado produtos acabados de alta qualidade fabricados com recurso a utensílios locais e técnicas tradicionais. Os produtos mais vendidos incluem malas de mão para homens e senhoras, calçado, carteiras, casacos para passaportes, acessórios para cavalos e outros artigos de couro para decoração de interiores.

vii. **Penteados:** Uma das tradições mais valorizadas entre as mulheres de Zamfara é a arte de pentear o cabelo, que ainda faz parte do património cultural do povo, tanto entre os jovens como entre os idosos. Existem vários estilos de penteados e alguns dos mais populares incluem: Lallabe, Shuku, Daure-daure, Soja, etc.

viii. **Arquitetura:** A arquitetura tradicional Hausa é um dos ofícios mais antigos do Reino Hausa. Ao contrário da arquitetura moderna, a arquitetura tradicional hauçá não envolve arranha-céus, mas consiste em grandes complexos que podem conter até 20 pessoas por agregado familiar. Entre alguns dos materiais e ingredientes utilizados nas obras de construção contam-se: lama e solos argilosos, normalmente misturados com resíduos de animais variados e erva seca, talos de Azara e Zanna para os telhados e makuba para os acabamentos e vidros. Os visitantes do Estado de Zamfara podem ver o património arquitetónico do Estado visitando os palácios dos emires ou qualquer chefe de aldeia do Estado.

CAPÍTULO 2

DESENVOLVIMENTO AGRÍCOLA NO ESTADO DE ZAMFARA DA NIGÉRIA 2008 - 2010

INTRODUÇÃO

A agricultura ocupa um lugar único na economia do Estado de Zamfara. Estima-se que a agricultura, nas suas várias formas, fornece os meios de subsistência a mais de 80 por cento da população do Estado. Continua a ser a espinha dorsal do Estado de Zamfara. Zamfara é abençoado com uma grande área de terra arável e fértil que suporta uma variedade de culturas. Estima-se que mais de 3,5 milhões de hectares sejam cultivados na região de Zamfara, representando cerca de 30% da área.

A agricultura é uma das principais fontes de alimentos, matérias-primas industriais e oportunidades de emprego para um grande número de pessoas na região. As principais culturas cultivadas na região de Zamfara incluem: arroz, painço, milho-da-índia, feijão e trigo. As principais culturas de rendimento são: algodão, amendoim e tabaco. As frutas e os produtos hortícolas também são cultivados em grandes quantidades no Estado de Zamfara.

A agricultura continua a merecer atenção prioritária no Estado de Zamfara, tendo os resultados mais espectaculares sido obtidos com os investimentos no Projeto de Desenvolvimento Agrícola de Zamfara, financiado e executado com a assistência do Banco Mundial, o primeiro do género na Nigéria. No final do período do projeto, tinham sido investidos mais de 320 milhões de euros e, consequentemente, registou-se um aumento significativo da produção agrícola na zona do projeto.

O Estado de Zamfara também beneficiou enormemente da Autoridade para o Desenvolvimento da Bacia Hidrográfica do Rio Sokoto Rima (SRRBDA), cujo gigantesco sistema de irrigação de Bakolori, no valor de vários milhões de Naira, permitiu cultivar mais de 30 000 hectares de terra para a produção de trigo, tomate e outras culturas alimentares e de rendimento. Assim, hoje em dia, a agricultura é uma atividade que dura todo o ano em Zamfara.

Acredita-se firmemente que mais de 65% das culturas de rendimento produzidas no antigo Estado de Sokoto eram produzidas na região de Zamfara. Durante o boom agrícola das décadas de 1950, 1960 e 1970. A região de Zamfara era o segundo maior produtor de amendoim e o terceiro maior produtor de algodão em todo o país. É pertinente mencionar que a região de Zamfara produz 50% de todas as folhas de tabaco produzidas na Nigéria, razão pela qual a Nigeria Tobacco Company Limited estabeleceu uma formação em produção de tabaco na administração local de Shinkafi.

Para além da produção de culturas alimentares e de rendimento, os habitantes do Estado de Zamfara desenvolvem uma atividade pecuária maciça, com a criação de um grande número de bovinos, ovinos, caprinos e aves de capoeira. Estima-se que o efetivo pecuário seja superior a 9 milhões de cabeças. Assim, devido às suas enormes potencialidades agrícolas, o Estado de Zamara é capaz de gerar consideráveis receitas em divisas para a economia nacional. As enormes matérias-primas agrícolas do Estado de Zamfara proporcionam abundantes oportunidades de investimento futuro em indústrias agro-alimentares, tais como: moinhos de farinha e de arroz, conservas de tomate, indústrias de transformação de carne e fabrico de calçado.

Tendo em conta o que precede, os objectivos do presente documento são os seguintes

Objectivos:

> Examinar a estimativa/previsão da produção vegetal.

> Identificar as doenças das culturas e das pragas no Estado.

> Avaliar o desempenho do desenvolvimento da pecuária e da pesca no Estado.

> Revisão do esforço de mecanização agrícola e dos regimes de aluguer de tractores.

> Avaliar os programas de extensão agrícola implementados pelo ADP e identificar os problemas.

1. **Situação das chuvas:**

Em 2008, a precipitação começou no mês de abril, enquanto em 2009 a precipitação começou em maio. No mês de outubro de 2008, a chuva parou. Registou-se um total de 1303,70 mm de precipitação no Estado. Em 2009, a precipitação diminuiu em 3 meses (abril, maio e julho), registando 100, 38 e 12%, respetivamente. A Zona II, localizada no norte da Savana da Guiné, tem mais precipitação do que a Zona I. A Zona II recebeu 734 mm de precipitação (de maio a julho) em comparação com 320,5 mm recebidos pela Zona I no mesmo período. Houve uma inundação em agosto que afectou muitas culturas. Da mesma forma, houve uma forte precipitação em agosto de 2009 que cobriu mais de 50% do estado e causou inundações em Gummi, Anka, Talata Mafara, Bukkuyum com destruição de culturas no estado, ver tabela 1 para mais detalhes.

Quadro 1 Precipitação total média (mm) no Estado de Zamfara

Mês/Indicador	2008	2009	Variação em %
abril	24.0	0	-100
maio	139.6	87.0	-38
junho	127.5	202.0	58
agosto	328.0	NA	-
setembro	310.1	NA	-
outubro	86.0	NA	-
dezembro			
Total anual			

Fonte: Inquérito ao desempenho agrícola da estação húmida de 2009 no Estado de Zamfara. Realizado por NAERLs e NFRA.

Insumos agrícolas:

A aquisição e distribuição de insumos agrícolas aos agricultores deixou de ser da responsabilidade da ZADP desde a criação da ZACAREP. De acordo com a informação recolhida da ZACAREP, o Estado adquiriu 56.000MT de NPK e 14.000MT de ureia, dos quais 68,5% de NPK e ureia já foram distribuídos aos agricultores-alvo.

A Tabela 3 revelou que 56.000MT de NPK adquiridos pelo Governo do Estado representaram 5,5% da necessidade total de NPK do Estado e menos de 70.000MT de NPK adquiridos na safra de 2008.

Tabela 1a: Insumos agrícolas: Fertilizante

Tipo	Qtd. adquirida pelo Governo do Estado.	Quantidade distribuída	Necessidade de fertilizantes dos agricultores		
NPK	56,000	38,400MT	256,441	3	1.025.644MT
UREA	14,000	9.600MT	256,411	2/3	512,822MT
SSP	0	0	0		

Fonte: NAERLs e NFRA 2009 Agricultural Performance Survey para a estação húmida de 2009 no Estado de Zamfara.

3. Estimativas/previsões da produção vegetal:

Em 2008, o feijão-frade dominou a área com 435.453ha, seguido do milho e do sorgo com 439.311ha e 315.819ha, respetivamente. O padrão semelhante foi observado em 2009. O domínio do feijão-frade pode ser atribuído à prática dos agricultores, segundo a qual o feijão-frade foi consorciado com painço, milho e sorgo. Além disso, a introdução de variedades melhoradas de feijão-frade pela 11TA no Norte da Nigéria aumentou significativamente a produção de feijão-frade. Algumas variedades de feijão-frade são plantadas duas vezes numa estação de cultivo.

Quadro 2: Estimativa das áreas cultivadas ha, produções e toneladas de rendimento das principais culturas no Estado de Zamfara.

Culturas	Estimativa Hectares (000ha)		Variação em %	Produção (000MT)		Variação em %
	2008	2009		2008	2009	
Inhame	745	751	0.80	5,476	5520	0.80
painço	419,811	428,207	2.00	684,292	706,542	3.25
Algodão	95,304	95,382	0.08	215,387	217,470	0.97
Amendoim	139,810	140,855	0.70	260,130	261,991	0.72
Milho	52,810	54,185	2.56	173,380	177,727	2.51
Arroz	25,225	25,232	0.03	36,323	36,335	0.03
Feijão-frade	435,453	436,504	0.24	326,590	349,203	6.92
Sorgo	315,819	318,900	0.98	600,055	605,910	0.98
Sementes de soja	3,755	3,780	0.67	5,633	5,670	0.66

Pimenta						

Fonte: NAERLs e NFRA 2009 Desempenho Agrícola

Inquérito para a estação húmida de 2009 no Estado de Zamfara.

3.1 **Pragas e doenças das culturas:**

Durante os anos de 2008 e 2009, não foram comunicados casos graves de pragas e doenças das culturas, exceto os riscos naturais de curta duração, seca e inundações que afectaram algumas partes do Estado. No entanto, registaram-se incidências ligeiras de afídeos no amendoim em Bungudu e Kaura Namoda e de rolo de folhas em Guldi e Maru LGAs. A gravidade de ambas as incidências foi ligeira, uma vez que a perda de rendimento das culturas foi estimada em 5% ou menos. O quadro 3 mostra a localização das incidências de afídeos e de rolos de folhas.

Quadro 3: Pragas e riscos naturais nas culturas

Cultura/Tipo de doença	Localização	Gravidade Ligeira, Moderada Pesada	Estimativa da perda de rendimento devido à doença	Medidas de controlo adoptadas
Amendoim				
Pulgões	Bungudu, Kaura Namoda LGAs	Luz	5%	Pulverização de inseticida sistemático

Fonte: NAERLs e NFRA 2009 Desempenho Agrícola

Inquérito para a estação húmida de 2009 no Estado de Zamfara, na Nigéria.

4.1 <u>Desenvolvimento da pecuária e da pesca:</u>

As informações disponíveis referiam-se apenas ao projeto de parcelas de pesca no âmbito do NFFS, em que foram adquiridas e distribuídas aos agricultores 6 redes de pesca e 8 fornos em 2008. Não estavam disponíveis informações sobre o desempenho destes equipamentos. O quadro 5 apresenta os meios de pesca adquiridos e distribuídos aos agricultores Durante a visita de campo, foram observados grandes rebanhos de cabras, ovelhas e gado a pastar. Os criadores de gado declararam não receber qualquer apoio das agências governamentais. O esforço do Estado de Zamfara no domínio da agricultura centrou-se principalmente no sector das culturas, sem qualquer apoio ao sector da pecuária.

Tabela 4a: Insumos da produção pecuária 2008 e 2009

Tipo de entrada	Quantidade adquirida		Quantidade distribuída		Observações
	2008	2009	2008	2009	
Redes de pesca	6	Nulo	6	Nulo	
Ganchos e linhas	Nulo	-	-		NPFFS
Alimentos para peixes	-	-	-	-	
Fornos	8	-	8	-	NPFS

Fonte: NAERLs e NFRA 2009 Agricultural Performance Survey

para a estação húmida de 2009 no Estado de Zamfara.

4.2 Doenças do gado e da pesca:

As informações sobre as pragas e doenças do gado no Estado de Zamfara mostram que não foi dado qualquer apoio governamental significativo ao subsector da pecuária (tal como relatado pelos agricultores durante a visita de campo efectuada pelos funcionários do NAERLS). Não foram registados casos de surtos de doenças. No entanto, foram registados casos de febre aftosa em bovinos, PPR e vermes em pequenos ruminantes, e varíola aviária em aves de capoeira em Shinakfi, Zurmi, Kaura Namoda, Chakal e Gusau. A gravidade de todos os casos foi ligeira, não tendo sido registada qualquer incidência de morte. O quadro 5b apresenta as pragas e doenças da pesca e os locais onde se registaram as incidências. Em Talata Mafara foram registados casos de contusões nas mucosas e de crescimento atrofiado de peixes (clarissas e tilápias), a gravidade dos casos variou de ligeira a moderada, com perdas estimadas de 10-40%. Não havia informações sobre a produção de peixe em 2008 e 2009.

Quadro 4b: Pescas e doenças das pragas.

Tipo de peixe	Pragas ou doenças	Local de incidência	Gravidade	Estimativa de perdas	Observações
Clárias	Contusões de Mucas	Talata Mafara	Luz Luz	20 10	Água estagnada água

					insuficiente)
Tilápia	Crescimento atrofiado	Bakura	Moderado	40	

Fonte: NAERLs e NFRA 2009 Agricultural Performance Survey para a estação húmida de 2009 no Estado de Zamfara.

5.0 Actividades de Mecanização Agrícola no Estado de Zamfara

Durante o período de 2008 e 2009, quatro marcas de tractores (YTO, UMZ, Mahinda e Kama 554) estavam disponíveis no Estado. Havia também 30 e 12 tractores não funcionais com registo de hectares cultivados com tractores funcionais, conforme relatado em 2008. Na Tabela 6a, o Governo do Estado de Zamfara incentivou os agricultores a possuírem tractores através da concessão de empréstimos de tractores a taxas subsidiadas. O Quadro 6b mostra o número de tractores privados disponíveis no Estado. No entanto, havia poucos agricultores individuais que possuíam tractores, mas eram mais do que o número indicado nos quadros 6a e 6b. As taxas dos serviços de tractores privados eram superiores às taxas governamentais em 67% para a lavoura, 60% para a gradagem e 57% para a amontoa, como se pode ver nos quadros 5a e 5b.

Quadro 5a: Disponibilidade de tractores do Estado em 2009 em comparação com 2008

Tipo de trator	Funcional	Não -Não funcional	Hectaragem Cultivada

		distribuído			
Capacidade	2008	2009	2008	2009	2008	2009
Kama 554	30	30	10	30	12,566.60	NA
YTO	20	12	8	12	814	NA

Fonte: NAERLs e NFRA 2009 Agricultural Performance Survey para a estação húmida de 2009 no Estado de Zamfara.

Quadro 5b: Disponibilidade de tractores privados 2009 em comparação com 2008

Tipo de trator	Funcional		Não - Funcional distribuído		Hectaragem Cultivada	
Capacidade	2008	2009	2008	2009	2008	2009
Kama 554	50	50	0	0	NA	NA
YTO	150	105			NA	NA

Fonte: NAERLs e NFRA 2009 Agricultural Performance Survey para a estação húmida de 2009 no Estado de Zamfara.

6.0 **Operações de gestão das explorações agrícolas:**

6.1 **Custo da mão de obra**: Verificou-se que os custos da mão de obra para várias operações aumentaram em relação às taxas registadas em 2008 e 2009. Os custos de limpeza do terreno, lavoura, plantação, aplicação de fertilizantes e monda por hectare aumentaram 33%, enquanto os custos de amontoa, pulverização e colheita por hectare aumentaram 25%. O aumento do custo da mão de obra para as operações agrícolas pode estar relacionado com a inflação dos preços dos produtos essenciais e dos custos de transporte. Os agricultores, em geral, adoptaram o sistema de contrato de contratação de mão de obra para as suas operações agrícolas, em vez do sistema homem-hora/homem-dia ou por hectare. Os agricultores revelaram ainda que os trabalhadores fazem um bom trabalho num curto espaço de tempo, passando mais horas na exploração agrícola do que 5 a 6 horas por dia.

Quadro 6: Custo da mão de obra das operações agrícolas em 2008 e 2009 (culturas específicas):

Operações agrícolas	Por Hectare		Por dia/hora humana	
	2008	2009	2008	2009
Preparação do terreno	-	-	-	-
Limpeza de terrenos	4500	6000	300	400
Lavoura	4500	600	300	400
Ridging	6000	7500	400	500
Plantação	4500	6000	300	400
Aplicação de fertilizantes	4500	6000	300	400
Monda	4500	6000	300	400
Pulverização	6000	7500	400	500
Colheita	6000	7500	400	500

Fonte: NAERLs e Inquérito de Desempenho Agrícola NFRA 2009 para a estação das chuvas no Estado de Zamfara.

6.2 **Custos de produção:-** O custo de produção das oito principais culturas no Estado de Zamfara baixou ligeiramente, variando entre 1,73% para o algodão e o arroz por ha e 6,52% para a mapira, apesar do aumento do custo da mão de obra. A queda no custo de produção pode ser o resultado do aumento de agricultores-alvo que receberam insumos agrícolas subsidiados pelo ZACAREP. A Tabela 7b mostra os custos de produção estimados das dez principais culturas em 2008 e 2009, conforme obtido do ZADP. Os custos de produção da mandioca e da batata registaram um aumento de 3 e 0,25, respetivamente.

Quadro 6b: Estimativa do custo de produção das dez principais culturas em 2008 e 2009.

Cultura	Custo por Hectare		Variação em %
	2008	2009	
painço	43,941.62	42,719.10	- 2.78
Sorgo	49,364.45	46,142.00	-6.52
Porca moída	55,824.00	55,009.80	- 1.46
Feijão-frade	51,139.75	50,324.80	-1.59
Algodão	47,084.31	46,269.30	- 1.73
Milho	72,690.86	70,246.00	-3.36
Arroz de terras altas	70,290.00	69,067.80	- 1.73

	26,325.00	26,390.00	0.25
Batatas	26,325.00	26,390.00	0.25
Arroz de terras baixas	83,910.31	82,280.40	-1.94
Mandioca	24,086.17	25,026.84	3.91

Fonte: NAERLs e NFRA 2009 Desempenho Agrícola

Inquérito para a estação das chuvas no Estado de Zamfara.

6.3 **Reserva de cereais:-** No Estado de Zamfara, a maioria dos agricultores paga os seus empréstimos com produtos agrícolas porque o Governo do Estado precisa de muitas reservas de cereais para armazenar os produtos agrícolas. Por conseguinte, cada LGA tem, pelo menos, um armazém de cereais com uma capacidade de 20 mt e é propriedade da LGA nas 14 LGAs do Estado. Há um grupo de 10 a 15 armazéns no âmbito dos ODM doados a agricultores individuais como parte do apoio ao desenvolvimento agrícola no Estado pelo Projeto ODM.

Estes contentores de armazenamento foram iniciados em 2008 e concluídos em 2009. Da mesma forma, existem também 10 silos de armazenamento de betão adicionais com capacidade de 200MT cada em 10 das 14 Áreas Governamentais Locais, pelo menos 3 por Distrito Senatorial, ao abrigo do projeto ODM, doados às comunidades para serem geridos para sua utilização. O tipo de armazenamento de cereais em 2007/2008 foi milho, sorgo, arroz e painço, tendo o sorgo a maior quantidade de 455,6 toneladas métricas e o feijão-frade a menor quantidade de 15,3 toneladas métricas. Todos os grãos armazenados foram distribuídos ao público em geral a preços subsidiados. O milho, a mapira e o painço foram vendidos a N25.000/tonelada, o equivalente a 2.500 por saco. O arroz em casca a N20.000/tonelada e o feijão-frade a N35.500 por tonelada, respetivamente.

Quadro 7: Quantidade de grãos armazenados e distribuídos:

Tipo de grão	Qtd. Armazenada		Quantidade distribuída		Preço de venda	
	2007/08	2008/09	2008	2009	2008	2009
Milho	278.9	NA	278.9	NA	25,000	
Sorgo	455.6	NA	455.6	NA	25,000	
Arroz	16.5	NA	16.5	NA	25,000	
painço	87.2	NA	87.2	NA	25,000	
Feijão-frade	15.3	NA	15.3	NA	35,000	

Fonte: NAERLs e Inquérito de Desempenho Agrícola NFRA 2009 para a estação das chuvas no Estado de Zamfara.

7.1 INQUÉRITO AOS PREÇOS DE MERCADO DOS PRODUTOS AGRÍCOLAS:

Os preços de mercado obtidos nos mercados urbanos de todo o Estado para janeiro de 2008 e 2009 indicaram aumentos para a maioria dos produtos. O aumento dos preços variou entre 8,55% para a mandioca (Gari) e 129,5% para a carne de vaca. No entanto, os preços de dois produtos básicos, o arroz branqueado e o amendoim, registaram uma descida de 2,39% e 21,05% no mesmo período. Do mesmo modo, os preços eram os mesmos para os produtos obtidos em julho de 2008 e 2009, o que indicava a mesma tendência. No período, houve um aumento geral para todos os produtos, com exceção do amendoim e do milho, cujos preços baixaram 42,5% e 13,5%, respetivamente.

Os preços do milho baixaram porque muitos agricultores costumam trazer os seus stocks antigos de milho para os mercados no início da época de cultivo. Assim, o mercado regista uma oferta de milho superior à procura, o que acaba por forçar a descida do preço. Há muitos óleos vegetais com menos colesterol e mais baratos no mercado, que os consumidores preferem.

O quadro 8 mostra um aumento acentuado dos preços da maioria dos produtos agrícolas. Os preços elevados destes produtos tornam-nos menos acessíveis ao público em geral, tornando mais difícil para o cidadão médio ter uma dieta equilibrada e, consequentemente, aumentando os problemas de saúde nas comunidades rurais. O Governo deveria elaborar uma política de controlo dos preços e de redução dos preços dos produtos agrícolas.

Quadro 8: Preço no mercado urbano dos principais produtos agrícolas em 2008 e 2009:

Produtos de base	Preços de janeiro			Preços de julho		
	janeiro de 2008	janeiro, 2009	%	janeiro de 2008	janeiro de 2009	% de câmbio

				Troca			
1	G/Milho	27.00	48.00	+77.78	63.00	58.00	+7.94
2	painço	31.00	56.00	+80.65	60.00	60.00	00
3	Milho	34.00	52.00	52.94	74.00	64.00	-13.51
4	Arroz branqueado	120.69	117.86	-2.34	176.84	193.88	+9.64
5	Tubérculo de inhame	52.81	84.00	+59.06	92.50	123.00	+32.97
6	Mandioca (tubérculo)	39.50	NA	-	-	-	-
7	Mandioca (Gari)	75.37	81.81	+8.55	84.09	118.18	+40.54
8	Feijão-frade	47.00	72.00	+53.19	112.00	120.00	+7.14
9	G/Nut	76.00	60.00	+21.05	160.00	92.00	- 42.50
10	Sementes de soja	54.00	80,.00	+48.15	79.00	82.00	+4.00
11	S/Batatas	37.50	45.00	20.00	51.46	57.00	+10.77
12	Batatas irlandesas	75.00	85.00	13.33	97.00	99.00	+2.06
13	Carne de vaca	305.00	700.00	+129.51	600.00	700.00	+16.67
14	Carne de cabra	295.00	650.00	+103.32	535.00	600.00	+12.15
15	Carne de carneiro	295.00	650.00	+120.34	535.00	650.00	+21.50
16	Galinha	500.00	650.00	+30.00	385.00	750.00	+94.81

| 17 | Ovos (caixa) | 540.00 | 700.00 | +29.63 | 600.00 | 650.00 | +8.33 |
| 18 | Peixe fresco | 160.00 | 280.00 | +75.00 | 225.00 | 280.00 | +24.44 |

Fonte: NAERLs e Inquérito de Desempenho Agrícola NFRA 2009 para a estação das chuvas no Estado de Zamfara.

7.2 RESUMO E CONCLUSÕES:

Durante os últimos cinco anos, as actividades de extensão agrícola no Estado de Zamfara foram muito reduzidas devido à falta de financiamento e de pessoal. Os subsectores da pecuária e da pesca foram considerados muito negligenciados, como se observou durante a interação com as partes interessadas. Foi descoberto um grande potencial nestes subsectores, uma vez que os agricultores parecem estar prontos a adotar tecnologias melhoradas de produção animal. O ambiente é também favorável à criação de gado e os mercados de pesca estão facilmente disponíveis dentro e fora do Estado. O Governo do Estado de Zamfaa precisa de uma vontade política para fazer a harmonização e intervir nos subsectores da pecuária e das pescas.

CAPÍTULO 3

PROJECTOS DE DESENVOLVIMENTO AGRÍCOLA EM SOKOTO E ESTADOS DE ZAMFARA 1986 - 1992 E 2007-2017

INTRODUÇÃO:

Os projectos de desenvolvimento agrícola na Nigéria desempenharam um papel muito positivo na transformação da agricultura e no desenvolvimento rural desde a sua criação em 1975 até ao presente, em 2017.

Durante cinco décadas, foram introduzidas nos nossos agricultores práticas agrícolas melhoradas por peritos estrangeiros e nacionais. Essas práticas agrícolas melhoradas incluem a utilização de fertilizantes inorgânicos, sementes melhoradas e produtos químicos. Outras são o espaçamento correto, a oportunidade da operação e a preparação da terra. Os nossos agricultores obtiveram grandes êxitos.

Registou-se um aumento da produção de alimentos básicos e de culturas de rendimento, o que contribuiu para aumentar a produtividade agrícola e melhorar o nível de vida da nossa comunidade agrícola. O sucesso deveu-se a uma abordagem adequada do trabalho de extensão agrícola por parte dos vários governos, através do Instituto de Investigação Agrícola, A.B.U (Universidade Ahmadu Bello, Zaria), no âmbito da divisão conhecida como AERLS (Agricultural Extension Research Liaison Services section). Isto mostra que a revolução da Extensão Agrícola foi levada a cabo por extensionistas agrícolas bem qualificados. Os agricultores que estavam em contacto com os extensionistas da época não tinham a oportunidade de obter empréstimos substanciais em dinheiro ou em espécie do governo, mas podiam utilizar todos os conselhos disponíveis oferecidos pelos extensionistas para melhorar a sua produção.

Durante este período, foi introduzido um programa de extensão agrícola muito mais intensivo, conhecido como Programa Piloto de Extensão. O programa foi criado em províncias selecionadas do Norte da Nigéria. Algumas das zonas selecionadas incluíam Gombe, no então Estado de Bauchi (atualmente Estado de Gombe), Gusau, no então Estado de Sokoto (atualmente Estado de Zamfara) e Funtua, no então Estado de Kaduna (atualmente Estado de Katsina). Estas três áreas tornaram-se os pontos centrais dos projectos de desenvolvimento agrícola introduzidos em 1975. Em resultado do êxito dos três projectos acima referidos, o Governo Federal decidiu estabelecer o mesmo projeto em todos os 36 Estados da Federação, incluindo a FCT Abuja.

O projeto de desenvolvimento agrícola de Gusau tornou a zona de Zamfara, no antigo Estado de Sokoto, a zona agrícola mais desenvolvida do Estado. Os agricultores desta zona estão agora totalmente equipados para dar um passo em frente em direção a um programa agrícola moderno e comercialmente orientado mais exigente, desde que disponham dos recursos e do incentivo necessários.

Histórias de sucesso do Projeto de Desenvolvimento Agrícola de

Sokoto:

O antigo projeto estatal de desenvolvimento agrícola de Sokoto (que abrange as zonas de Sokoto e Zamfara) baseava-se num bom plano organizado pelo Banco Mundial e pelos governos estaduais. O plano coloca a tónica no desenvolvimento rural geral, que inclui o aumento da produção agrícola, o abastecimento de água e o fornecimento de estradas de acesso às zonas rurais. As quatro zonas de desenvolvimento anteriores já estão a funcionar em conformidade com os programas específicos nos domínios da agricultura, do abastecimento de água e das estradas de acesso, de acordo com as instalações disponíveis em cada zona.

Questões de política agrícola:

As políticas agrícolas implementadas nos programas de desenvolvimento regional no que respeita ao fornecimento geral de insumos são ligeiramente diferentes das que são implementadas pelos Ministérios de Estado da Agricultura. Por exemplo, o pessoal de extensão é mais numeroso e, na maioria dos casos, os trabalhadores ao nível das aldeias são formados pelo próprio pessoal do projeto. Os insumos ou recursos (principalmente fertilizantes) são produzidos através do Governo Federal e a rede de distribuição é muito mais eficiente do que a do Ministério, devido ao maior número de pessoal e aos meios de transporte disponíveis. Os fertilizantes químicos, as sementes e as alfaias agrícolas são vendidos aos agricultores a preços subsidiados.

É importante envolver os agricultores no processo de tomada de decisões que afectam qualquer assistência, aconselhamento ou programa que o Governo estabeleça que a Autoridade Agrícola tenciona dar ou preparar para os agricultores. Isto pode ser feito eficazmente através da utilização de conselhos ou associações de agricultores bem estabelecidos. Se os actuais conselhos ou associações de cooperativas de agricultores devem ser envolvidos na política e na tomada de decisões sobre o programa de planeamento agrícola, é necessário reorganizar a atual associação ou criar novas associações com intenções completas, honestas e dedicadas a ajudar o agricultor comum e a comunidade agrícola em geral.

Comercialização de produtos agrícolas:

A produção aumentou em todo o Estado, mas os problemas que os agricultores enfrentam são a falta de instalações de comercialização adequadas para as suas colheitas, especialmente na zona de Zamfara, que não tem dificuldade em escoar o seu algodão durante a época de compra do Conselho do Algodão (de finais de dezembro a meados de março).

Existem alguns problemas que os agricultores enfrentam quando têm contacto com os LBA (Licensed Buying Agents) nas suas respectivas áreas. Durante a época de crescimento da cultura do algodão, os LBA concedem empréstimos aos agricultores em dinheiro ou em espécie, com o entendimento de que, aquando da colheita, os agricultores vendem o seu algodão a esses LBA. Em muitas ocasiões, os agricultores pagam menos do que o valor real da sua colheita. Outras perdas que os produtores de algodão sofrem nas mãos dos LBAs incluem: balanças de pesagem apertadas que causam a redução do peso do algodão, recebendo assim menos em termos monetários e aceitando tarifas excessivas por parte dos LBAs.

Criação de uma associação de agricultores:

As irregularidades de comercialização podem ser eliminadas através da criação de associações de agricultores bem organizadas, geridas e geridas exclusivamente pelos próprios agricultores, com pouca ou nenhuma intervenção do governo, exceto no que diz respeito à concessão de subsídios ou empréstimos em termos acordados entre o governo e as organizações. Os funcionários que dirigem a associação de agricultores devem ser selecionados pelos próprios agricultores e qualquer funcionário do governo deve servir como conselheiro apenas a pedido da associação.

Os funcionários da associação de agricultores devem ser os signatários de todos os empréstimos ou subsídios concedidos pelo Governo à associação e devem ser responsáveis pela utilização judiciosa desses empréstimos ou subsídios. As condições relativas aos prazos de pagamento e aos juros, se for caso disso, devem ser indicadas no acordo assinado pelos funcionários. Em caso de apropriação indevida ou de não pagamento atempado do empréstimo, estes funcionários serão considerados responsáveis.

A comercialização de todos os produtos agrícolas deve ser efectuada por associações de agricultores através de conselhos de produtos eficazes criados pelo Governo.

Instalações de armazenamento:

Os agricultores devem ter a garantia de um bom conselho de mercadorias para comercializar a sua colheita e ser ajudados com instalações de armazenamento modernas e adequadas, capazes de proteger a sua colheita dos danos causados por insectos. O Governo ou a Comissão de Mercadorias podem tomar medidas para o efeito através das associações de agricultores. As lojas podem funcionar como armazéns onde todos os agricultores de uma determinada associação podem trazer as suas colheitas que tencionam vender para serem armazenadas e registadas. O Commodity Board utilizará estes armazéns como área de compra de qualquer mercadoria desejada. A visão dos agricultores e a segurança dos armazéns, com segurança adicional a ser fornecida pelos Commodity Boards.

Construções / reparações de estradas:

É interessante notar como os pequenos autocarros e carrinhas percorrem as estradas secundárias irregulares que temos de uma aldeia para outra, especialmente nos dias de mercado. A maior parte destes veículos transporta produtos agrícolas, especialmente durante o período das colheitas, para o mercado de venda local. Para encorajar este tipo de transporte, é necessário reparar as estradas secundárias disponíveis e construir outras em locais apropriados para ligar várias aldeias e cidades. É igualmente importante construir outras estradas que liguem essas aldeias e cidades aos armazéns/armazéns acima referidos para o armazenamento de cereais e outros produtos de base. Este programa consta do plano de trabalho do projeto de desenvolvimento agrícola de Sokoto. O antigo projeto de desenvolvimento agrícola de Gusau já forneceu mais de 80% dessas estradas vitais que ligam quase todas as aldeias e cidades da região de Zamfara.

Crédito e financiamento agrícola:

O crédito e o financiamento agrícola ajudaram os agricultores a aumentar a produção agrícola durante os últimos anos. A maior parte dos empréstimos concedidos através do departamento de cooperativas e dos projectos de desenvolvimento agrícola são apenas suficientes para ajudar os agricultores a empregar mão de obra adicional e a comprar alguns factores de produção. O Departamento de Cooperativas e os Projectos de Desenvolvimento Agrícola do Ministério da Agricultura, que concedem estes empréstimos tão pequenos quanto possível, não estão satisfeitos com a taxa de recuperação. O acompanhamento da recuperação dos empréstimos não é eficiente e eficaz. A fraca venda das suas culturas de rendimento após a colheita é responsável pelo reembolso.

Por conseguinte, tendo em conta o que precede, é necessário que o recém-criado Banco Agrícola estabeleça contactos com o Ministério e a ADP, a fim de obter a lista dos agricultores efectivos e genuínos através das suas associações de agricultores bem organizadas.

Ligações entre a investigação agrícola e a extensão:

O atual programa de extensão do SADP e do Ministério da Agricultura deve incluir programas de investigação adequados para trabalhar

em todas as culturas, com o objetivo de encontrar as culturas realmente adequadas para cada área específica. A irrigação e a agricultura de estação seca também devem ser incluídas neste programa. É, por conseguinte, necessário criar um departamento central de investigação e extensão na sede do Estado, com delegações bem equipadas em todas as sedes dos governos locais, com delegações bem equipadas. Este departamento deve trabalhar com os agricultores através das associações de agricultores, analisando os pedidos e problemas dos agricultores e dando conselhos que sejam benéficos para os agricultores.

Aquisições e distribuições de inputs:

O atual esforço de fornecimento de factores de produção agrícola, tais como fertilizantes, produtos químicos e algumas alfaias agrícolas, através do SADP e do Ministério da Agricultura, deverá prosseguir com a plena participação das associações de agricultores.

Contribuições dos Conselhos de Mercadorias:

Atualmente, os três Conselhos de produtos de algodão, amendoim e cereais estão centralizados com sedes em Funtua no Estado de Kaduna, Minna no Estado do Níger e Kano no Estado de Kano, respetivamente. Estes conselhos têm sucursais não independentes para tomar decisões importantes em cada um dos Estados onde estas três culturas são maioritariamente cultivadas. É necessário que cada Estado tenha o seu próprio comité de produtos de base. Os conselhos centrais de produtos de base têm a oportunidade de melhorar ainda mais a sua atividade agrícola, com vista a aumentar o seu capital ou as suas receitas. Isto pode ser feito através da criação de indústrias agrícolas que necessitem dos produtos agrícolas que compram, como o algodão, o amendoim e os cereais, como nova matéria-prima. Essas indústrias podem ser

i.   A indústria têxtil produzirá mais lençóis brancos comuns, roupas bordadas e vários produtos de tecido.

ii.   Máquinas de debulha de amendoim para servir principalmente os agricultores do Conselho e do público.

iii.   Indústria petrolífera para produzir o atual óleo de amendoim importado, com ligação à máquina de esmagamento de frutos secos para produzir biscoitos locais e margarina de amendoim local, que pode ser preferida à margarina oleosa atualmente disponível.

iv.   Indústria de extração de grãos que fornecerá grãos prontos a usar e farinha para venda ao público, reduzindo assim o trabalho que as mulheres locais empregam para extrair a farinha da farinha. Os subprodutos dos grãos, como o farelo e outras matérias-primas, podem ser utilizados para alimentar animais e pintos e na preparação de rações para aves de capoeira. É possível que o amido possa ser produzido na mesma indústria, utilizando as mesmas matérias-primas.

PROJECTOS DE DESENVOLVIMENTO AGRÍCOLA DE ZAMFARA 1997 - 2000

O Projeto de Desenvolvimento Agrícola de Zamfara (ZADP) surgiu na sequência da bifurcação do antigo Projeto de Desenvolvimento Agrícola de Sokoto (SADP) em 1996. O sistema ADP existe na maior parte das zonas do Estado de Zamfara desde 1975, tendo sido implementado o Projeto de Desenvolvimento Agrícola de Gusau (GADP) de 1975 a 1980. A existência do atual Projeto de Desenvolvimento Agrícola de Zamfara no Estado é apoiada por um edital estabelecido em 1997. O Projeto de Desenvolvimento Agrícola, como forma de intervenção governamental na agricultura, existe em todos os Estados da Federação, incluindo o Território da Capital Federal. O Projeto de Desenvolvimento Agrícola de Zamfara (ZADP) está a executar o Projeto Nacional de Apoio à Tecnologia Agrícola (NATSP) e o Projeto Nacional de Desenvolvimento de Fadama (NFDP) (1997 - 2000).

Objectivos do NATSP:

a.   Racionalização e unificação dos serviços estatais de extensão agrícola e melhoria das suas operações de modo a abranger todos os agricultores em matéria de tecnologia que cubra as culturas, a pecuária, as pescas, a agro-silvicultura e a gestão das terras.

b.   Reforçar a capacidade do serviço de extensão para aconselhar as mulheres agricultoras sobre as actividades agrícolas e a gestão das empresas.

c.   Reforçar a investigação adaptativa, juntamente com a abordagem dos sistemas agrícolas ligada ao feedback da extensão.

d.   Promover a adaptação e o fornecimento de tração animal e de alfaias agrícolas simples para utilização em terras altas e em fadama de regadio.

e.   Promover a adaptação e o fornecimento de agroflorestas a nível das explorações agrícolas para melhorar a sustentabilidade da agricultura.

f.   Reforçar os serviços de desenvolvimento e formação do pessoal.

g.   Reforçar o acompanhamento e a avaliação do planeamento do projeto, de modo a medir eficazmente o progresso da execução do projeto, o impacto e os problemas.

h.   Reforçar as actividades de administração e gestão financeira do projeto.

Objectivos do Projeto Nacional de Desenvolvimento de Fadama (NFDP):

a.   Perfuração de poços tubulares pouco profundos nas zonas potenciais de Fadama e fornecimento de bombas de água para complementar os poços tubulares no âmbito de um acordo de recuperação de custos.

b.   Formação e registo da Associação de Utilizadores de Fadama (FUA).

c.   Mobilização e formação da Associação de Utilizadores da Fadama sobre a utilização das instalações da Fadama, as actividades agrícolas comerciais, a comercialização, a contabilidade e os procedimentos de empréstimo.

d.   Monitorização do aquífero e dos níveis de acidez e alcalinidade do solo para garantir a sustentabilidade dos poços tubulares perfurados.

Estrutura operacional:

O ADP é gerido por três níveis de estruturas administrativas, a saber: o Comité Executivo do ADP, o Comité de Objetivo Geral e a Unidade de Gestão de Projectos.

Instalação administrativa:

As actividades da organização abrangem todo o Estado. Para facilitar a administração, o Estado foi dividido em duas zonas. Zona 1: inclui as zonas governamentais locais de Maru, Bungudu, Gusau, Tsafe, Kaura-Namoda, Birnin-Magaji, Zurmi e Shinkafi. Enquanto a Zona II abrange as zonas governamentais locais de Talata-Mafara, Maradun, Bakura, Anka, Bukkuyum e Gummi, com sede em Gummi. Cada Zona é dirigida por um Diretor Zonal. Segue-se o organograma da estrutura administrativa do PEA, desde o mais alto órgão de decisão até ao nível de gestão do projeto.

Figura 1: Organograma do ZADP

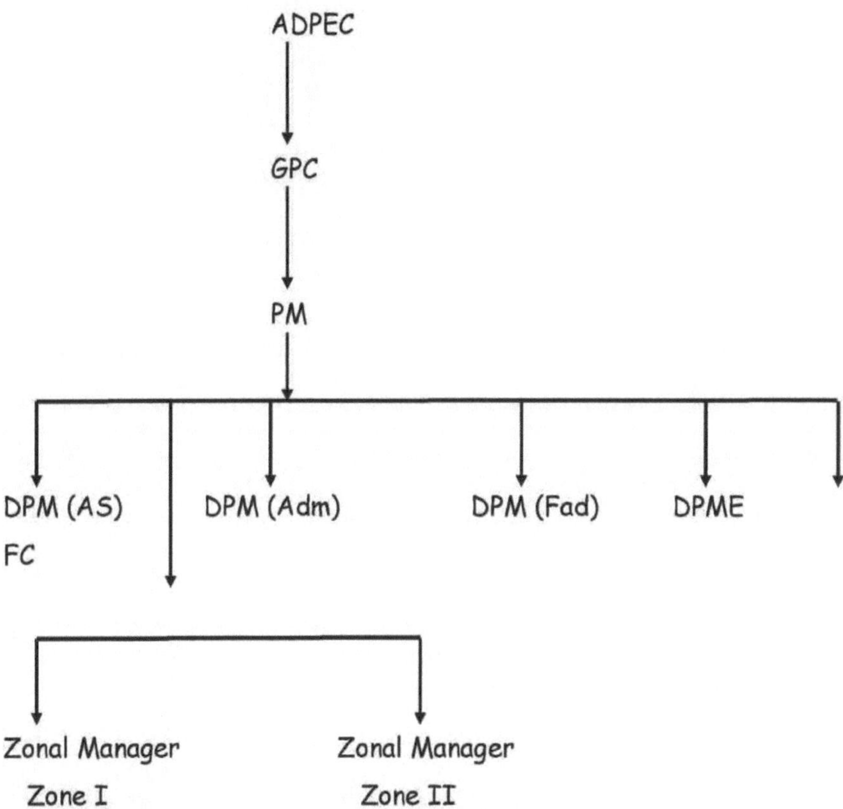

Execução do programa

[th]O Projeto de Desenvolvimento Agrícola de Zamfara prosseguiu com a execução do Projeto Nacional de Apoio à Tecnologia Agrícola (NATSP) e do Projeto Nacional de Desenvolvimento de Fadama, cujos períodos de empréstimo terminaram em setembro de 1998 e em 30 de dezembro de 1999, respetivamente. O Projeto de Desenvolvimento Agrícola de Zamfara também

continuou a coordenar a execução do Programa Nacional de Produção Acelerada de Culturas Industriais e do Programa Especial de Produção de Arroz, todos introduzidos pelo Governo Federal.

A execução dos programas está a ser levada a cabo através de dois subprogramas, nomeadamente Serviços Agrícolas e Desenvolvimento de Fadama, apoiados pelos subprogramas Administração e Recursos Humanos, Finanças, Planeamento, Monitorização e Avaliação. Os subprogramas são dirigidos por Gestores de Programa Adjuntos, Serviços Agrícolas, Fadama, Administração, Controlador Financeiro e Diretor PME, respetivamente. Todos os chefes de programa respondem perante o gestor do programa. O gestor do programa, que é o chefe executivo, é igualmente responsável perante o presidente do Comité Executivo do Projeto de Desenvolvimento Agrícola (ADPEC), que é também um órgão de decisão política da organização. O Governador Executivo do Estado ou o seu representante é o Presidente do ADPEC. Os Gestores de Programa, os Gestores de Programa Adjuntos, o Diretor do PME, o Controlador Financeiro e os Gestores Zonais formam a Unidade de Gestão do Programa (UGP), que é responsável pela administração quotidiana da organização.

INDICADORES-CHAVE DAS REALIZAÇÕES JANEIRO-OUTUBRO DE 2000 - PROJECTO NACIONAL DE APOIO À TECNOLOGIA AGRÍCOLA

Quadro 1: Progresso da extensão:

Item de progresso	Objetivo para 2000	Realização Jan-Out.2000	% do objetivo

Progresso da extensão			
Agentes de extensão das aldeias	224	175	78.13
Visita de ExAgents aos agricultores	58,468	23,448	40.17
Mobilidade dos agentes de extensão	224	70	31.25
Agricultores de contacto	10,880	10,880	100
N.º de famílias de agricultores abrangidas	244,649	244,649	100
N.º de mulheres de contacto Agricultores	960	960	100
N.º de mulheres agentes de extensão	34	8	24
N.º de dias de campo de colheitas WIA	10	8	80
N.º de grupos de AIA	60	-	-
N.º de Clubes de Forester para Raparigas formados	12	6	50
N.º de exposições agrícolas	2	1	50

N.º de dias de campo dos agricultores	90	51	57
N.º de Clubes de Jovens Agricultores	75	15	30
N.º de acções de formação mensais	12	10	83.33
N.º de gestores Parcelas de formação	33	22	100
N.º de grupos de escuta de rádio	100	76	76

Quadro 2: N.º de SPATS estabelecidos:

Item de progresso	Objetivo para 2000	Realização Jan-Out. 2000	% do objetivo
N.º de SPATS da estação húmida	2445	2,347	88.70
N.º de animais SPATS	190	140	73.68
N.º de agro-florestas SPATS	106	62	58.49
N.º de pescarias SPATS	114	63	55.26
N.º de SPATS da estação seca	248	65	26.71

WIA SPATS ESTABELECIDOS			
Estação seca	35	19	54.29
Estação húmida	216	198	91.67
Pecuária	45	33	73.33
Agro - Florestal	21	21	100
Pescas	15	14	93.33

Quadro 3: Actividades dos meios de comunicação social:

Item de progresso	Objetivo para 2000	Realização Jan-Out. 2000	%de Objetivo
Programa de extensão radiofónica			
Produção	52	40	69.23
Arejamento	104	80	69.23
Produção de documentários em vídeo	4	-	-
Produção de boletins / cartazes ZADP	-	-	-

Quadro 4a: Actividades de investigação agrícola:

Item de progresso	Objetivo para 2000	Realização Jan-Out. 2000	% do objetivo

OFAR	10	8	80
QTRM	4	3	75
Visitas pré-QTRM	4	3	75
Multiplicação de sementes de base	6	6	100
Sementes melhoradas adquiridas e distribuídas pelo ZADP em toneladas	-	6.5	-

Quadro 4b: Programa Nacional de Desenvolvimento de Fadama

Progresso do Projeto Nacional de Desenvolvimento de Fadama:

Item de progresso	Objetivo para 2000	Realização Jan-Out. 2000	% do objetivo
Associação de Utilizadores da Fadama	66	67	101
Associação de Utilizadores de Água	17	15	88.23
Outras culturas formadas	3	2	66.6
Crédito rural/recuperação de custos:			
Reembolso em numerário Naira NFDP1	1,733,829	422,711	24.38

Pacote de empréstimos do Governo do Estado	2,781,000	2,189,690	78.74
Poços de monitorização de águas subterrâneas	9	3	33.33

Quadro 6: Serviços de apoio:

Item de progresso	Objetivo para 2000	Realização Jan-Out. 2000	% do objetivo
Desenvolvimento dos recursos humanos Formação	10	-	-
Formação no estrangeiro	21	13	61.90
Cursos de atualização a longo prazo	(3)(40)	2	25
Cursos de curta duração	20	-	-
Avaliação do pessoal. (Formação)	2	-	-
Seminários / Conferências	40	1	2.50
Formação de agricultores	(3)(200)		
Formação FUA	2	-	-
Formação de orientação para o VEW			
Formação sobre tração			

animal			
Formação mensal	12(2724)	9(1705)	62.60

Fonte: Resumo do ADP de Zamfara apresentado aos membros da ADPEC em novembro de 2000.

EXECUÇÃO DAS ACÇÕES DE EXTENSÃO AGRÍCOLA 2007 - 2010

Apresentamos aqui a implementação do trabalho de extensão agrícola no Estado de Zamfara.

Quadro 7: Execução do trabalho de extensão agrícola:

Desempenho Indicadores	2008		2009	
	Objetivo	Realização	Objetivo	Realização
N.º de famílias de agricultores	256,411	123,430	256,411	114,748
N.º de grupos de agricultores constituídos	20,000	21,000	30,000	23,000
Extensão / Rácio	1:1000	1:1490	1:1000	1:1400
N.º de visitas a Agricultores	0	0	0	0
N.º de zonas	2	2	2	2
N.º de MTRM / QTRM realizado	12	12	12	5

N.º de FNTs / MTs realizados	12	12	12	7
N.º de rastreios OFAR efectuados	0	0	0	0
N.º de agricultores formados	10,000	2,500	10,000	3,000
N.º de agricultores Escola de campo	28	28	28	27

Fonte: NAERLs e NFRA 2009 Desempenho Agrícola

Inquérito para a estação das chuvas no Estado de Zamfara.

Lista de tecnologias que estão atualmente a ser alargadas aos agricultores através do SPAT / MTP:

1. Promoção da tolerância do milho à seca.

2. Promoção de variedades melhoradas de painço

3. Promoção da agricultura de conservação da humidade.

4. Aplicação e utilização de herbicidas.

5. Utilização de extrato de Neem para o controlo de pragas

6. Promoção da variedade de feijão-frade de curta duração IT93K - 452 - Z.

7. Produção de leite a partir de sementes de soja.

8. Desparasitação de pequenos ruminantes.

9. Melhoria das aves de capoeira autóctones.

10. Produção de forragens para o gado.

Formação do pessoal de extensão no terreno:

O pessoal do APP indicou duas necessidades de formação para melhorar o seu desempenho, a saber

1. Diagnóstico de problemas no terreno para BES, ZSEO e SMS.

2. Conceito de sistema de extensão participativa com base na comunidade para todas as categorias de problemas do pessoal de campo do serviço de extensão.

Problemas dos serviços de extensão:

Os seguintes factores foram identificados como constrangimentos aos serviços de extensão no Estado. Trata-se da provisão de insumos para a demonstração de campo.

a. Financiamento de tempo de antena na rádio e na televisão para a difusão de programas/tecnologias agrícolas em benefício dos agricultores.

b. Fundos insuficientes para a logística da realização das actividades de extensão.

c. Transporte inadequado para chegar aos agricultores.

d. Incapacidade dos agricultores para administrarem a vacinação dos animais (falta de formação dos criadores de gado para o tratamento sanitário e a vacinação comuns dos animais).

A necessidade de investigação para resolver vários problemas:

Alguns dos problemas no terreno identificados durante a supervisão e que exigiram investigação por parte das autoridades competentes foram

a. As doenças animais estão a desenvolver resistência aos medicamentos.

b. Desenvolvimento de fornos de fumo utilizando materiais locais.

c. Desenvolvimento de alimentos quantitativos e qualitativos para peixes.

d. Método local de construção de tanques para peixes.

e. Controlo das doenças dos peixes.

f. Métodos modificados de manuseamento e conservação de peixe fresco.

O PAPEL DAS ONG'S NA EXTENSÃO AGRÍCOLA:

Verificou-se que duas ONGs estavam envolvidas nos serviços de extensão agrícola em colaboração com o ZADP. As duas ONGs e as suas actividades foram apresentadas no quadro 8 abaixo.

Serviços de extensão das ONG em colaboração com o ADP:

Nome da organização	Endereço	Tipo de serviços prestados
SG 2000	ZADP	Promoção de tecnologias de produção agrícola e

		actividades de género.
Fundação Bill e Millinder Gates	ZADP	Promoção de um método não químico de armazenamento de feijão-frade.

Fonte: NAERLs e NFRA 2009 Desempenho Agrícola

Inquérito para a estação das chuvas no Estado de Zamfara.

Desempenho da cultura no campo:

O quadro apresenta as observações de campo efectuadas sobre a cultura

em quatro áreas do Governo Local. O sistema agrícola é uma cultura mista em que 3 a 4 culturas foram plantadas no mesmo campo, quer em linhas separadas quer na mesma linha. Algumas das culturas não dispunham de fertilizantes suficientes, enquanto outras estavam a competir com ervas daninhas. De um modo geral, as culturas encontravam-se em boas condições e havia indicações de que iriam produzir bons rendimentos.

Quadro 9: Desempenho das culturas no campo:

Zona/LGA	Cultura principal/ Mistura observada	Estado da cultura	Observação de pragas e doenças
Kaura Namoda e Zurmi LGA (Zona	Milho painço/sorgo,	Algumas das culturas estão	Não foram observadas

I)	feijão-frade, arroz, sorgo/cabra	em boas condições, enquanto outras carecem de fertilizantes suficientes, como se pode ver nas imagens	doenças e pragas
Gummi e Anka (Zona II)	ArrozMilho/ sorgo-miúdo/feijão-frade, milho-miúdo/ sorgo	Algumas das culturas estão em boas condições, enquanto outras carecem de fertilizantes suficientes, como se pode ver nas imagens	Não foram observadas doenças e pragas

Fonte: NAERLs e NFRA 2009 Desempenho Agrícola

Inquérito para a estação das chuvas no Estado de Zamfara.

PROBLEMAS E PERSPECTIVAS DO PROJECTO DE DESENVOLVIMENTO AGRÍCOLA NO ESTADO DE ZAMFARA:

Desde a criação do Estado, a ADP alcançou grandes realizações e tem grandes perspectivas, mas depara-se com alguns problemas. Os problemas e as perspectivas são os seguintes

a. **Problemas:** Os seguintes problemas afectam o bom funcionamento do ADP

i. Incapacidade de satisfazer os pedidos dos agricultores em matéria de perfuração de poços tubulares.

ii. Escritórios e alojamentos inadequados.

iii. Falta de equipamento na sala TRM.

iv. O elevado custo dos factores de produção agrícola e os preços muito baixos recebidos pelos agricultores pelos seus produtos reduzem a taxa de adoção de tecnologias melhoradas.

Perspectivas:

i. Aumento da sensibilização dos agricultores do Estado, evidenciada pela taxa de utilização de variedades de culturas melhoradas, agro-químicos, alfaias agrícolas, gestão do gado, utilização de poços e bombas de água para a estação seca, formação de grupos de agricultores, etc.

ii. Melhoria da situação do pessoal em termos quantitativos e qualitativos. Este facto deve-se à recente aprovação do Governo do Estado para o recrutamento/recontratação de pessoal de campo para o PEA.

iii.   Mobilidade melhorada

iv.   Desenvolvimento da capacidade interna de perfuração de poços tubulares.

v.   Apoio geral recebido do Governo do Estado e da Unidade de Coordenação do Projeto (PCU).

A fim de resolver alguns dos problemas acima referidos, a Direção do PEA tem algumas sugestões sob a forma de memorandos de reflexão a apresentar ao PEA por parte das autoridades competentes.

RESUMO E CONCLUSÕES:

[st]Os projectos de desenvolvimento agrícola de Sokoto e Zamfara desempenharam um papel muito positivo como agentes de transformação rural nos anos 80, 90 e no século XXI.

Começando pelas bases e envolvendo aqueles que fazem da agricultura o seu ofício. Para os incentivar a melhorar a sua atividade. Os produtos produzidos pelos nossos agricultores devem encontrar o seu caminho para os mercados, de modo a que, em troca, estes agricultores recebam algum capital para recomeçar, pagar empréstimos e adquirir outras comodidades sociais. O desempenho dos projectos de desenvolvimento agrícola nas décadas de 1980 e 1990 foi excelente devido ao financiamento regular e ao forte empenho do Governo Federal.

A retirada do financiamento do Banco Mundial e de outras agências multilaterais afectou seriamente o desempenho dos ADP. Em especial, as actividades de extensão, que constituem o sangue vital dos ADP em geral. Os programas de extensão necessitam de um controlo regular e de melhorias. O caminho a seguir é o seguinte

1. Ao estabelecer qualquer programa de extensão, certas caraterísticas dos agricultores devem ser lembradas, a fim de aumentar a difusão de novas ideias. O agricultor líder deve ser um homem que faz amigos facilmente, é ativo nos grupos comunitários e é procurado para dar conselhos.

2. Devem ser disponibilizadas aos líderes locais algumas diretrizes sobre demonstração e devem ser utilizados todos os meios possíveis para encorajar outros agricultores a visitarem explorações de demonstração.

3. Se for possível encontrar um bom líder entre os agricultores e se os outros agricultores puderem cooperar com o líder, a abordagem de Liderança Local pode ser uma forma eficaz de ajudar a difundir novas ideias entre os outros agricultores da comunidade.

CAPÍTULO 4

DESENVOLVIMENTO DE FADAMA NO ESTADO DE ZAMFARA DA NIGÉRIA 1993 - 1996 E 2008 - 2016

Projeto Nacional de Desenvolvimento de Fadama:

O Projeto Nacional de Desenvolvimento de Fadama tinha como objetivo aumentar a produção agrícola através da utilização de tecnologia de irrigação de pequena escala em terras de fadama amplamente dispersas. Este objetivo está planeado para ser alcançado através de: -

a. Organização dos agricultores de Fadama para a gestão da irrigação, recuperação dos custos e melhor acesso ao crédito, à comercialização e a outros serviços.

b. Construção das infra-estruturas de Fadama.

c. Simplificação da tecnologia de perfuração para poços tubulares pouco profundos e

d. Realização de estudos de aquíferos, monitorização e atualização das tecnologias de irrigação.

As actividades dos subprogramas do PNDS1 estão a ser implementadas através das seguintes componentes

Associação de Utilizadores de Fadama: São formadas Associações de Utilizadores de Fadama baseadas nas aldeias, que actuam como elo de ligação entre o Projeto e os Agricultores de Fadama, identificando os Agricultores de Fadama interessados em participar no programa, administrando actividades como a perfuração, construção e manutenção da Infraestrutura de Fadama e a recuperação de custos dos Utilizadores de Fadama para a perfuração de poços de lavagem/tubos e instalação de bombas financiadas pelo projeto.

Esta subcomponente formou e registou 97 associações de utilizadores de Fadama (FUAs). O projeto fornece a formação necessária à Associação de Utilizadores de Fadama para o desempenho de várias funções, bem como para gerar um fluxo de caixa adequado. A componente Associação de Utilizadores de Fadama recolhe o depósito para a perfuração de poços e instalação de bombas de água financiadas pelo projeto e é responsável pela recuperação do montante remanescente.

Componente de crédito/insumos: Esta componente é responsável pela recuperação do empréstimo concedido aos agricultores de Fadama no Estado. No âmbito desta componente, o ZADP vende peças sobressalentes de bombas de água aos agricultores de Fadama a preços subsidiados. O pessoal da componente ajuda os agricultores a obterem empréstimos junto dos bancos comerciais para aumentarem a sua atividade.

Infra-estruturas: O objetivo da componente inclui: a perfuração de poços tubulares acompanhados de bombas de água, a disponibilização de instalações de armazenamento e a construção de estradas de acesso/Fadama para o fluxo de entradas e saídas de produtos agrícolas.

a. **Poços de água rasos:** No âmbito do Projeto Nacional de Desenvolvimento de Fadama 1, o projeto perfurou um total de 553 poços tubulares e um número igual de bombas de água foi fornecido aos agricultores de Fadama beneficiários. Com a expiração do empréstimo do Projeto Nacional de Desenvolvimento de Fadama 1 (NFDP1), que terminou em setembro de 1998. O projeto, no âmbito do seu programa interno de perfuração de poços tubulares, perfurou 120 poços tubulares e forneceu um total de 583 bombas de água.

b. **Pacote de empréstimos para bombas de água da ZMSG:** O Governo do Estado, nos seus esforços para reduzir a pobreza na população rural, garantir a segurança alimentar e oportunidades de emprego durante todo o ano, adquiriu e distribuiu 298 bombas de água a associações de utilizadores de água. O montante deverá ser recuperado em dois anos, em quatro fracções. Já foi recuperado o montante de 401.690 euros.

Obras civis: A construção de estradas no âmbito do NFDP1, o Projeto de Desenvolvimento Agrícola de Zamfara, herdou 21,63 quilómetros de estrada, acompanhados de 26 bueiros nas estradas de acesso a Fadama, para facilitar os problemas de entrada e saída de produtos agrícolas. Do mesmo modo, são efectuadas obras de renovação nas instalações do PDA através de mão de obra direta. O Projeto de Desenvolvimento Agrícola de Zamfara construiu um bloco de quatro gabinetes através de Mão-de-Obra Direta, a fim de resolver os problemas de alojamento dos gabinetes.

ESTUDO DE AVALIAÇÃO DO IMPACTO DA NFDP1:

O PDNF de Sokoto, apoiado pelo Banco Mundial, foi avaliado em 1991 e a sua execução estava planeada para quatro anos, com início em 1992. No entanto, o empréstimo entrou em vigor em fevereiro de 1993 e terminou em 1996.

Uma vez que a primeira fase do projeto já decorreu em pleno, é necessário:

> Avaliar os efeitos pretendidos e não pretendidos para os agricultores beneficiários e para a zona do projeto.

> Verificar se os objectivos do projeto, tal como especificados nos documentos de preparação, foram alcançados.

> Determinar se as mudanças esperadas no nível de vida dos agricultores beneficiários estão a ser sentidas ou se serão cumpridas.

> Avaliar os resultados obtidos até à data e retirar ensinamentos para o futuro planeamento e execução da fase posterior do PNDS.

Por conseguinte, tendo em conta as razões acima referidas, o Governo Federal da Nigéria nomeou a empresa Project Development Services Consultants Abuja para avaliar o impacto do NFDP1 de 1993 a 1996 nos Estados de Sokoto e Zamfara.

Serviços de extensão:

Os agricultores de Fadama do Estado de Sokoto estão frequentemente em contacto com os serviços de extensão. Mais de 76% dos agricultores de Fadama incluídos na amostra declararam ter adotado pelo menos uma mensagem de extensão. 120 inquiridos ou 65% indicaram a adoção de sementes melhoradas, 150 inquiridos ou 82% indicaram a aplicação dos regimes recomendados de fertilizantes, 180 inquiridos ou 100% adoptaram a recomendação de plantas/espaçamento/aplicação de agro-químicos, 130 inquiridos ou 55% adoptaram a tecnologia de sementes melhoradas/aplicação de fertilizantes, enquanto 160 inquiridos ou 87% adoptaram a aplicação de fertilizantes/nova variedade de culturas e apenas 45 inquiridos ou 25% ainda não adoptaram algumas formas de mensagem de extensão.

Tabela 1: Distribuição dos inquiridos em relação à adoção.

Tipo de tecnologia	N.º de adoção	Percentagem
Sementes melhoradas	120	65
Aplicação dos regimes de fertilização recomendados	150	82
Espaçamento entre plantas Adoção de agro-químicos	180	100
Aplicação de sementes/fertilizantes melhorados	130	55
Aplicação de fertilizantes/nova variedade de cultura	160	87
Ainda não adoptou nenhuma tecnologia	45	24

Fonte: Estudos de avaliação do impacto do NFDP1 realizados por Project Development Services Consultants, Abuja, Nigéria. maio de

1998.

Realização dos objectivos do PNDS:

A fim de cumprir os compromissos assumidos no âmbito do Projeto Nacional de Desenvolvimento de Fadama, o PDNF de Sokoto, orientado pela FACU e pelo Banco de Trabalho, estabeleceu objectivos anuais a atingir em vários aspectos do PDNF. Apresentamos as realizações de vários componentes durante o período de 1993 a 1996.

Infraestrutura de Fadama: Inclui as estradas de acesso aos poços tubulares/Fadama, as descidas de armazenamento, os pavilhões de arrefecimento e as condutas.

Poços tubulares: O PNDS de Sokoto previa a construção de 3.595 poços tubulares pouco profundos até ao final do período de financiamento do projeto, em 1996. A avaliação revela que apenas 12, ou seja, 0,3%, foram realizados. O projeto previa igualmente a construção de 8.140 poços tubulares pouco profundos por perfuração. Cerca de 2.301, ou 28%, foram realizados.

Fadama / Estradas de acesso: Durante o período de financiamento de 1993 a 1996, foi planeado que 133 km de estradas de acesso e estradas dentro de Fadama seriam construídas por contrato. Desta extensão, 24Km ou 18% foram alcançados.

Pavilhões de armazenagem: Durante o período de financiamento do PDNF no Estado de Sokoto, de 1993 a 1996, foi planeada a construção de um total de 16 armazéns em vários locais de Fadama no Estado.

Deste objetivo, foram construídos 7 armazéns ou 44%.

Impacto imediato:

Uma vez que se trata apenas da primeira fase do PNDS concluída no Estado de Sokoto, tendo em conta os efeitos diretos e indirectos e permitindo a difusão e as limitações que produzem mudanças no Estado como um todo, o projeto teve um impacto significativo. Começamos por investigar as alterações na utilização de factores e de factores de produção pelos agricultores beneficiários devido ao projeto. Um agricultor beneficiário é definido como um agricultor de Fadama que satisfaz uma ou mais das seguintes caraterísticas

i.   Registado como membro da FUA

ii.   Beneficiaram da distribuição de poços tubulares e bombas do PNDS.

iii.   Beneficiaram de infra-estruturas e de facilidades de crédito concedidas pelo PNUD.

iv.   Beneficiaram da criação e divulgação de tecnologias do PNDS.

Pertencer à FUA dá a um agricultor de Fadama a oportunidade de beneficiar diretamente dos pacotes que estão a ser disseminados pelo Projeto. Os benefícios que resultam da construção de infra-estruturas são principalmente difundidos, mas acabarão por resultar no aumento da produção agrícola, dos rendimentos e na melhoria do nível de vida dos agricultores de Fadama e de toda a comunidade.

A construção de poços tubulares e a aquisição de bombas permitem que os agricultores superem as limitações de água e minimizem o trabalho árduo de regar as culturas, aumentem a área cultivada, utilizem mais factores e insumos de forma mais rentável, de modo que os efeitos multiplicadores e o objetivo global do PNDS sejam alcançados.

A rega das culturas é o principal fator limitante na agricultura da estação seca. Por vezes, a fonte de água é temporal. Para aqueles que utilizam poços pouco profundos e shado a taxa de recarga pode não satisfazer a procura, mesmo que haja mão de obra suficiente disponível. Na maior parte dos casos, existe uma distância limitada, as culturas precisam de estar longe da fonte de água para que a mão de obra e os canais de irrigação consigam lidar com a situação. Consequentemente, este limite de distância impõe uma limitação à dimensão possível da exploração agrícola, mesmo quando a aquisição de mais terras não acarreta custos adicionais.

Se a disponibilidade de água for assegurada e o trabalho árduo de regar as culturas for minimizado, o agricultor de fadama aumentaria prontamente a sua área de cultivo para garantir uma maior produção e rendimento. O PDNF distribui poços tubulares e bombas para garantir a disponibilidade de água e reduzir o trabalho penoso de regar as culturas. Assim sendo, espera-se um aumento significativo na aplicação de factores e insumos pelos agricultores de fadama.

O período de 1991-1993 é considerado como o período de não execução, ou seja, sem a situação do projeto. Enquanto o período de 1994 a 1996 é considerado como o período de implementação com a situação de projeto. A diferença entre os níveis médios dos factores de produção com o projeto e sem o projeto é considerada como a aplicação incremental dos factores de produção devido ao projeto. Esta última é calculada e apresentada da seguinte forma

Quadro 2: Aplicação dos factores de produção suplementares 1991 - 1996:

Descrição	1991	1992	1993	1994	1995	1996
Média Fadama Holding	2.6	2.6	2.7	3.0	3.0	3.2
Contratação média de mão de obra	30	33	34	38	40	43
Despesas médias de combustível	1,015	1,429	1,705	1,850	2,400	2,741
Aplicação média de fertilizantes	4	4	5	6	6	7
Mean Agro - Aplicação de produtos químicos	1	1	1	2	2	3
Aplicação média de sementes	28	28	33	26	40	46

Fonte: NFDP1 1996: Estudos de avaliação do impacto realizados por Project Development Services Consultants, Abuja, Nigéria. maio de 1998.

É evidente a partir da tabela acima que, devido ao efeito do PDNF, em média, a exploração média de fadama dos agricultores aumentou em 0,5ha ou 18%, a contratação média de mão de obra aumentou em 8 homens/dia ou 26%, as despesas médias de combustível aumentaram em 981 ou 71%. O número médio de sacos de 50 kg de fertilizantes aplicados aumentou em 2 sacos ou 47%, a quantidade média em litros de agro-químicos aplicados aumentou em 2 sacos ou 47$, a quantidade média em litros de agro-químicos aplicados aumentou em 1,31 litros, ou seja, duplicou a quantidade média em kg de sementes aplicadas aumentou em 11 kg ou 37%.

Valor incremental da produção devido à intervenção do PNDS:

No inquérito, foram recolhidas informações sobre o valor agregado da produção estimado em 1996 (preço constante) junto dos agricultores de Fadama de 1991 a 1996. Este último assegurou a redução de todas as produções a um denominador comum (valor em Naira de 1996) e é estimado com mais exatidão do que qualquer outra medida de produção pelos agricultores de Fadama que não mantêm registos. A descrição dos valores médios da produção agregada é apresentada no quadro seguinte.

Tabela 3: Valores médios agregados da produção de nairas 1991 - 1996.

Ano	Valor médio	STD Dev.	Resposta
1991	13,092	13,886	153
1992	15,737	15,161	153
1993	17,217	16,401	163
1994	22,793	21,038	170

| 1995 | 29,477 | 27,417 | 180 |
| 1996 | 37,186 | 36,797 | 181 |

Valor médio 1991 -   1993=15   .340

Valor médio 1994 -   1996=29   .819

Valor médio   incremental=14   ,470

%   Valor incremental=94

A partir da tabela acima, é evidente que a série de valores médios da produção agregada durante o período de não implementação (sem projeto 1991 - 1993) é de N15 349 e o valor durante o período de implementação (com projeto 1994 - 1996) é de N29 819.

Rentabilidade do PFNL para os agricultores de Fadama

A análise da margem bruta é uma metodologia semi-agregativa mas robusta para avaliar a rendibilidade de uma empresa. Determina os retornos obtidos pelos factores fixos de produção, gestão e lucro dos agricultores. Argumenta-se que, num sistema multi-empresarial, incluindo a agricultura de fadama, os factores fixos de produção e os serviços de gestão são utilizados mesmo que algumas culturas não sejam produzidas. Consequentemente, o custo de oportunidade destes factores, incluindo o da mão de obra familiar, tende a desaparecer. A margem bruta, que é considerada como um verdadeiro lucro, é, portanto, um indicador fiável da rentabilidade da empresa fadama para o agricultor.

Nesta análise, a Margem Bruta é determinada como a diferença entre a receita total gerada pela cultura da fadama e a soma dos custos variáveis totais expandidos nas operações agrícolas. Os resultados são apresentados na tabela abaixo. Os custos variáveis incluem: contratação, mão de obra, aplicação de fertilizantes, agroquímicos e sementes. As despesas de combustível e os custos de manutenção são considerados como custos incrementais devido ao investimento, uma vez que não serão incorridos a menos que o poço e a bomba estejam presentes. Como estratégia de simplificação, outros factores foram considerados fixos.

A receita é o valor agregado da cultura em Naira (preço constante de 1996). O preço de 1996 dos vários factores de produção foi utilizado para calcular os custos totais. As quantidades de factores de produção são as estimativas médias com e sem o PFND no Estado de Sokoto.

Quadro 4: Rentabilidade do PFNL para os agricultores de Fadama:

Variável	Preço unitário	Sem o PNDS 1991-1993		Com o NFDP 1994 - 1996	
		Quantidade	Custo total	Quantidade	Custo total
Mão de obra contratada	126	32	4,032	40	5,040
Fertilizante (g)	150	4	600	6	900
Agroquímicos	548	1	548	2.3	1,260.4

Sementes (Kg)	194	29.7	5,820	40.7	7,954
Sub - Total			11,000		15,154

Fonte: Relatório de avaliação de impacto do PNDR1 1998, maio de 1998.

Quadro 5: Custo variável incremental antes do investimento (15154 - 11000) = 4154:

Variável	Unidade Preço	Sem o PNDS 1991-1993		Com o NFDP 1994 - 1996	
		Quantidade	Custo total	Quantidade	Custo total
Depreciação Linha reta 10 anos	2,734	0	0	1	2,734
Custo do combustível	11	0	0	6	0
Manutenção	C = Montante fixo	0	0	215	2,364
Sub - Total			0		6,811

Fonte: Relatório de avaliação de impacto do PNDR1 1998, maio de 1998.

	Preço	Sem o PNDS 1991-	Com o NFDP 1994 -

Variável	unitário	1993		1996	
		Quantidade	Custo total	Quantidade	Custo total
Produção média	0	0	15,349	0	29,819
Valor	0	0	11,000	0	21,965
Custo variável total Margem bruta	0	0	4,349	0	7,854

Margem bruta incremental (7.854 - 4.349) = 3.505% de aumento (3.504/4.349) = 81.

A margem bruta estimada para um agricultor típico de fadama no Estado de Sokoto sem o projeto do PDNF é de N4 349, enquanto a margem bruta estimada com o PDNF é de N7 853. Isto dá uma margem bruta incremental de N3.504, que é cerca de 81% da margem bruta sem o projeto. É importante notar que a intervenção do PDNF traz, em média, um lucro bruto adicional de 3.504 para um agricultor típico de fadama no Estado de Sokoto. O lucro bruto incremental médio por hectare de explorações de fadama é de 1 130 N e o lucro bruto incremental médio por Manday de mão de obra contratada é de 88 N.

Associação de Utilizadores de Fadama (FUAs):

Uma das cinco componentes do Desenvolvimento Nacional de Fadama é a organização dos agricultores de fadama em Associações de Utilizadores de Fadama. Os objectivos das FUAs eram os seguintes

i.   Ajudar os agricultores de fadama a utilizar dispositivos de irrigação, tais como poços tubulares, bombas de água e acessórios.

ii.   Disponibilizar facilidades de crédito aos membros para actividades de produção de culturas.

iii.   Mobilizar capital para os membros através de poupanças e acções, e

iv.   Assiste os agricultores na comercialização dos produtos.

A componente FUA é dirigida por um Diretor Adjunto na sede do Projeto, que é assistido por três Oficiais FUA Zonais, um por zona. Os oficiais Zonais da FUA estão diretamente envolvidos na organização dos agricultores de fadama em grupos. Foi observado que os oficiais da fadama são adequadamente treinados em dinâmica de grupo. Os funcionários têm mobilidade para facilitar as suas actividades no terreno. Os agricultores apreciam o papel dos oficiais de desenvolvimento da fadama e eles servem como um elo importante entre os agricultores e a gestão do projeto.

Um total de 236 FUAs foram formadas e registadas pelo Projeto desde o início do programa fadama. Este número é composto por 133 para a Zona Norte, 44 para a Zona Este e 59 para a Zona Central.

Principais limitações:

É evidente que os agricultores de fadama no Estado de Sokoto ainda se deparam com alguns problemas nas suas actividades agrícolas. Entre estes, destacam-se a escassez de factores de produção e os ataques de insectos e pragas. No quadro seguinte, apresentamos os vários problemas com que se confrontam os agricultores de fadama no Estado.

Tabela 6: Distribuição dos inquiridos pelos seus principais problemas:

Problema grave	N.º de inquiridos	Percentagem
Escassez de entradas	68	37
Ataque de insectos	65	36
Ataque de pragas	30	16
Escassez de água	7	4
Escassez de mão de obra	5	3
Ervas daninhas	4	2
Bombas más	2	1
Escassez	2	1
Total	183	100

Fonte: NFDP1 1998 Estudos de avaliação de impacto realizados por Project Development Services Consultants, Abuja, Nigéria, maio de 1998.

PROJECTO NACIONAL DE DESENVOLVIMENTO DA FADAMA II

Introdução:

O Projeto Nacional de Desenvolvimento de Fadama 1 NFDP1, que estava a ser implementado pelo Projeto de Desenvolvimento Agrícola de Zamfara

chegou ao fim em setembro de 1998. Foram registados muitos êxitos durante a execução, tais como

a.   Aumento da produção de alimentos e de culturas de rendimento no Estado.

b.   Oportunidades de emprego durante todo o ano.

Devido ao nível de sucesso alcançado durante a implementação do NFDP1, o Banco Mundial, em conjunto com o Governo Federal da Nigéria, concordou com a criação do NFDP II, que foi implementado em 2001. O Governo Federal da Nigéria, em colaboração com o Banco Mundial, elaborou o projeto de documento de conceção do projeto para a segunda fase do NFDP.

As principais caraterísticas do PDNF II proposto são a mudança para uma abordagem liderada pelo sector privado e a devolução gradual das responsabilidades de tomada de decisões aos níveis local e comunitário, bem como a capacitação dos beneficiários. O objetivo do NFDP II consistia em ultrapassar as limitações de produção, organização e comercialização que impedem os pequenos agricultores de utilizar plenamente os seus recursos para a expansão da fadama, o que conduziria a uma maior segurança alimentar e à redução da pobreza rural.

Critérios de elegibilidade para a participação no PNDS II:

No final do segundo seminário das partes interessadas do NFDP, realizado em Abuja em 3rd de agosto de 2000, foi estabelecido um conjunto de critérios por um comité governamental, a fim de orientar a tomada de decisões sobre os Estados que seriam considerados elegíveis para participar no projeto proposto como Estado beneficiário.

a.   Uma proposta escrita com um plano de ação pormenorizado para as actividades a montante e a jusante a realizar pelo Estado participante no Fadama II.

b.   Um compromisso escrito para o pagamento regular dos fundos de contrapartida necessários, dedutíveis numa base mensal.

c.   Evidência de associações viáveis e activas de utilizadores da Fadama.

d.   Realização de uma avaliação pormenorizada das infra-estruturas existentes em Fadama (estudo de base).

e.   Uma taxa de recuperação de empréstimos de 75% no âmbito do projeto Fadama 1.

f.   Criação do pessoal de gestão necessário para gerir e coordenar as actividades de Fadama II.

g.   Evidência do envolvimento dos agricultores e do sector privado na composição da ADPEC estatal.

h.   Apresentação de um plano de ação para a utilização da conta

ESCROW no âmbito do Fadama 1 satisfatório para os Ministérios Federais das Finanças e da Agricultura, bem como para o Banco Mundial.

i.   Prova de reembolso da autorização pelo Estado participante.

A maioria destes critérios foi cumprida pelo Governo do Estado. Os funcionários do projeto de desenvolvimento agrícola de Zamfara participaram em todos os seminários e missões de supervisão organizados pelo Governo Federal da Nigéria e pelo Banco Mundial e deram os seus contributos em conformidade, partindo do princípio de que o relatório de avaliação do impacto ambiental seria utilizado até dezembro de 2000, as próximas etapas propostas para a preparação de Fadama II são as seguintes

a.   Revisão formal do documento de conceção do projeto - dezembro de 2000

b.   Missão de pré-avaliação-Jan   . 2001

c.   Avaliação - fevereiro de 2001

d.   Negociação   - abril   de 2001

e.   Apresentação ao Conselho de Administração -   julho de 2001

f.   Eficácia -   setembro de 2001

TERCEIRO PROJECTO NACIONAL DE DESENVOLVIMENTO DE FADAMA NO ESTADO DE ZAMFARA 2008 - 2016:

Introdução:

Em resultado do êxito de Fadama 1 e Fadama II, o Governo Federal, em consulta com o Banco Mundial e o Banco Africano de Desenvolvimento, iniciou o projeto Fadama III. O novo projeto Fadama III está atualmente em curso em 35 Estados e na FCT. Os objectivos de desenvolvimento do projeto consistem em aumentar o rendimento dos utilizadores da terra e dos recursos hídricos numa base sustentável. O projeto está a ser implementado durante um período de cinco anos, de 2008 a 2013.

Situação da execução de Fadama III no Estado de Zamfara:

Objectivos específicos:

a. Financiar investimentos em infra-estruturas comunitárias produtivas. b. Reforçar as capacidades dos Grupos de Utilizadores de Fadama (FUGs) e da sua Associação Comunitária de Fadama (FCAs) para aumentar o seu stock de capital social e financeiro.

c. Promover a gestão socialmente inclusiva e ambientalmente sustentável dos recursos naturais.

d. Contribuir imensamente para alcançar o crescimento agrícola desejado e a segurança alimentar nacional e a comercialização da agricultura na Nigéria.

População-alvo:

a. Homens e mulheres pobres das zonas rurais (agricultores, pastores, pescadores, comerciantes, transformadores, caçadores, recolectores, bem como outros grupos de interesse económico).

b. Os grupos desfavorecidos e com deficiências físicas (viúvas/viúvos, deficientes, jovens desempregados, idosos, infectados ou afectados pelo VIH/SIDA).

c. Prestadores de serviços, incluindo agências governamentais, operadores privados/semi-profissionais que operam nas áreas do projeto.

Abordagem do projeto:

A abordagem do projeto está ancorada na abordagem orientada para a procura. Assim, todos os utilizadores dos recursos da fadama serão encorajados a desenvolver Planos de Desenvolvimento Local (PDL) participativos e socialmente inclusivos.

Situação do subprojecto em curso de execução:

Os subprojectos a este respeito são classificados em

a. Subprojecto FCA, ou seja, infraestrutura de propriedade comunitária.

b. Subprojecto individual dos FUGs que consiste na aquisição de bens e numa componente de apoio aos meios de produção.

c. Actividades de serviços de consultoria e reforço das capacidades identificadas pelos FUG nas suas propostas.

Relativamente à alínea a), foram preparadas e aprovadas 13 propostas de subprojectos do FCA, mas apenas 3 estão a ser executadas atualmente. Estes são tabulados e apresentados a seguir:

Quadro 7: Situação do subprojecto em curso de execução:-

S/N	LGA	FCA	Sub - Projeto	Estado
1	Bukkuyum	Masamu	Construção de 9 Bancas de mercado	95% conclusão
2	B/Magaji	FCAII B/Magaji	Perfuração de bombas manuais, poços e reservatórios para animais	100% concluído a ser entregue à comunidade em breve
3	Anka	Gima	Perfuração de 2 poços com bombas manuais	70% concluído

As restantes 10 ainda não foram financiadas porque as respectivas associações FCA não depositaram as suas contribuições. Por conseguinte, não podem beneficiar da disponibilização da subvenção equivalente.

Para cada FUG, foram preparados e aprovados 184 subprojectos, dos quais 84 foram financiados. Todos estes 84 subprojectos foram concluídos, ou seja, todos os bens foram adquiridos e utilizados, enquanto todos os meios de produção necessários também foram incluídos nestes subprojectos e partilhados com os respectivos membros dos FUG. Por conseguinte, estes subprojectos estão 100% concluídos.

Os restantes 100 subprojectos da sua categoria ainda não foram financiados porque os respectivos FUG têm uma ou mais deficiências para se qualificarem para a libertação das subvenções correspondentes.

Proporção de mulheres e grupos vulneráveis que participam no subprojecto:

Dos 84 FUGs que beneficiaram do projeto, 16 FUGs são mulheres de vários interesses económicos e 15 FUGs são constituídos por uma mistura de homens e mulheres. A categorização é apresentada no quadro seguinte.

Quadro 8: Participação de mulheres e grupos vulneráveis no projeto:

S/N	EIG	N.º de FUG Homens	N.º de mulheres FUG	N.º de FUG Homens + Mulheres	Total
1	Irrigação	17	0	1	18
2	Agro-transformação	9	8	1	18
3	Criação de animais	5	4	6	15

4	Engorda de animais	2	4	3	9
5	Agricultura de terras altas	19	0	4	23
6	Pescas	1	0	0	1
	Total	**53**	**16**	**15**	**84**

Do quadro acima, 19,04% dos FUG são do sexo feminino, enquanto 17,86% dos FUG são uma mistura de homens e mulheres. Do mesmo modo, 19 FUG pertencem a grupos vulneráveis, como se mostra a seguir.

Quadro 8: N.º de FUG e grupos vulneráveis e respectiva percentagem:

S/N	Classe de grupo	N.º de FUGs	Percentagem
1	Surdo	2	2.33
2	Leprosos	2	2.38
3	Cego	3	3.57
4	Aleijados	8	9.52
5	Viúvas	4	4.76
	Total	**19**	**22.56**

Demonstração na exploração agrícola pela ADP:

As actividades de extensão do PEA e de investigação no âmbito da componente IV baseiam-se nos constrangimentos de produção identificados pelos agricultores de Fadama no Estado. Estes constrangimentos de produção estão atualmente articulados em vários LDP preparados pela Associação Comunitária de Fadama. O PDL foi preparado com o objetivo de centrar a extensão e a investigação nos problemas identificados.

Visita de controlo efectuada:

Foram efectuadas várias visitas. Uma visita recentemente realizada foi a do Comité Técnico Conjunto do Estado de Fadama, SFCO e Jornalistas a algumas LGAs selecionadas entre 1st e 2nd março de 2010. Durante a visita, os participantes supervisionaram fisicamente e inspeccionaram os subprojectos apoiados pelo Projeto Fadama III. Os membros forneceram recomendações úteis a cada um dos FUG visitados. Os participantes também aproveitaram a oportunidade durante a visita para sensibilizar as partes interessadas no projeto, como os Emires e os Conselhos / Presidentes dos Governos Locais de cada LGA visitada. Os participantes durante a visita incluíram secretários permanentes, diretores de diferentes ministérios e paraestatais, pessoal do SFCO e representantes de ONGs e agricultores.

Problemas / Desafios:

Não libertação da contribuição do Fundo de Contrapartida do Estado para o projeto em 2009. A implementação deste problema é a redução da escala de implementação do projeto no Estado. Isto deve-se ao facto de algumas das actividades do projeto serem parcialmente financiadas pelos fundos de contrapartida, por exemplo, serviços de consultoria, ou 100% financiadas pelos fundos de contrapartida recebidos do Estado, por exemplo, subsídios para o pessoal e custos operacionais suplementares.

Incapacidade de algumas associações de agricultores de fornecerem as suas contribuições em dinheiro para lhes permitir aceder aos fundos do projeto. Elevado nível de analfabetismo entre os agricultores. Este facto levou também a atrasos na preparação dos PDL que deveriam ser elaborados pelos próprios agricultores com o apoio de facilitadores.

CAPÍTULO 5

AVALIAÇÃO DOS FACTORES QUE AFECTAM A ACEITAÇÃO DE INOVAÇÕES AGRÍCOLAS NA ÁREA DA ADMINISTRAÇÃO LOCAL DE ZURMI, ESTADO DE ZAMFARA, NIGÉRIA

RESUMO

O objetivo deste artigo é avaliar os factores que afectam a aceitação das inovações agrícolas na área da administração local de Zurmi, no Estado de Zamfara, na Nigéria. O investigador investigou a razão pela qual as inovações foram rejeitadas e o papel do governo na motivação dos agricultores para aceitarem as inovações. Foi selecionada uma amostra total de 80 inquiridos das seis alas selecionadas, de modo a representar toda a administração local. Os dados foram analisados utilizando várias ferramentas estatísticas como frequências, percentagens e resposta direta. As principais conclusões retiradas deste documento foram os dados relativos às respostas às inovações que mostraram que 28 (35%) dos inquiridos aceitaram as inovações, enquanto 52 (65%) rejeitaram a ideia. Os resultados do inquérito sobre os motivos da rejeição das inovações revelaram que 27 (33,7%) dos inquiridos referiram que a responsabilidade é das más estradas, enquanto 13 (16,2%) não estavam de todo interessados em aceitar novas inovações. Do mesmo modo, 40 (50%) indicaram que as restrições financeiras são responsáveis pela não aceitação de inovações. A perceção dos inquiridos sobre o que o governo deveria fazer para encorajar os agricultores a aceitarem inovações revelou que a maioria dos agricultores 48 (60%) concordou que o governo deveria conceder-lhes empréstimos. Da mesma forma, 22 (27,5%) concordaram que deveriam ser dados mais conselhos de extensão. Apenas 10 (12,5%) gostariam que o governo vendesse insumos a preços subsidiados. Finalmente, este documento recomenda algumas estratégias com o objetivo de motivar os agricultores a aceitarem as inovações agrícolas.

1.1 <u>INTRODUÇÃO</u>

Algumas pessoas adoptam algo novo simplesmente por uma questão de mudança. O saco de inovações que um extensionista transporta é geralmente apresentado como estando cheio de potenciais benefícios para os seus destinatários.

No entanto, foram criados institutos de investigação em diferentes partes do país para desenvolver inovações na agricultura. Por conseguinte, a principal responsabilidade dos trabalhadores da extensão é levar estas inovações aos agricultores. O processo de aceitação e utilização de ideias ou inovações segue um padrão bem sucedido: (a) sensibilização para a inovação; (b) interesse dos agricultores; (c) acompanhamento das inovações através de demonstrações e (d) adoção de novas inovações.

Para que isso seja feito com sucesso, deve haver uma comunicação efectiva entre os trabalhadores da extensão e os agricultores e deve ser mantida uma boa relação de trabalho para que os agricultores compreendam as inovações. No entanto, os seguintes factores afectam a aceitação das inovações, tais como a influência cultural, o nível educacional, as atitudes do pessoal da extensão, o volume das inovações, os baixos níveis de rendimento dos agricultores, etc.

A adoção de inovações agrícolas, se forçada sob pressão autoritária ou social, pode não produzir os resultados esperados. Em segundo lugar, o objetivo para o qual uma inovação foi difundida pode muito bem ser alcançado, mas os seus efeitos secundários podem ser ignorados. A extensão agrícola profissional não pode, por si só, resolver todos os problemas de desenvolvimento agrícola, entre outros, toda a gama de serviços de apoio à agricultura, desde o fornecimento de sementes melhoradas, fertilizantes, crédito e outros factores de produção até aos transportes, comunicações e comercialização, deve ser melhorada para se conseguir um verdadeiro impacto sustentável na produção agrícola. A resposta é que nunca é demasiado cedo para a introdução das técnicas acima referidas, organizadas segundo linhas profissionais.

A área da administração local de Zurmi do Estado de Zamfara, na Nigéria, está situada na parte sul do Estado. A maioria da população é predominantemente agricultora. O milho-da-índia, o painço, o milho, o amendoim e o algodão são as principais culturas alimentares e de rendimento que cultivam.

1.2 Declaração do problema

A aceitação da inovação agrícola nos países em desenvolvimento tem sido objeto de uma série de críticas. Estas incluem (a) uma atitude pró-inovação e as fontes de fracasso da inovação mal sucedida (b) uma tendência para culpar os agricultores ou os camponeses pelo fracasso da adoção, em vez de questionar a adequação ou a rentabilidade da inovação (c) uma atenção inadequada ao processo inter-relacionado envolvido na geração e utilização da inovação (d) o fracasso em desenvolver a tecnologia apropriada para adoção pelos agricultores. A maioria das pessoas na Área de Governo Local de |Zurmi são camponeses, apenas alguns deles são agricultores em grande escala, devido ao sistema de posse de terra praticado na área; é muito difícil adotar qualquer inovação agrícola trazida aos agricultores.

1.3 Objectivos do estudo

1.3.1 Objectivos gerais

Os objectivos gerais consistem em avaliar os factores que afectam a aceitação da inovação agrícola na área da administração local de Zurmi.

1.3.2 Objectivos específicos

i) Investigar a forma como os agricultores gerem as culturas e o gado.

ii) Analisar por que razão os agricultores continuam a utilizar o método tradicional.

iii) Avaliar se os agricultores têm acesso aos serviços de extensão agrícola prestados pelo Desenvolvimento Agrícola e se recebem novas tecnologias.

iv) Investigar por que razão as inovações foram rejeitadas pelos agricultores da zona.

v) Destacar o papel do governo para motivar os agricultores a aceitarem as inovações e os problemas enfrentados pela comunidade agrícola.

1.3 Questões de investigação

(i)   Existe algum benefício na aceitação da inovação agrícola por parte dos agricultores?

(ii) Qual é a atitude dos agricultores em relação à aceitação da inovação agrícola para melhorar as suas actividades agrícolas?

(iii) Existe alguma relação entre a aceitação de inovações agrícolas e o desenvolvimento na Área da Administração Local de Zurmi?

(iv) Os agricultores estão a utilizar eficazmente a inovação agrícola?

1.0 REVISÃO DA LITERATURA

A revisão da literatura relevante para o estudo em causa é apresentada de seguida.

Apesar do facto de o governo estar a fazer o seu melhor para introduzir inovações, há forças que resistem à mudança. Certas forças como a educação e a industrialização, com a sua inovação, tendem a encorajar a mudança, enquanto a socialização e o controlo social, que tentam manter o status quo, tendem a resistir à mudança (Money, 1976).

De acordo com Bankang 1981, por mais fácil que seja a adoção de uma inovação, existem forças que podem abrandar ou bloquear completamente a mudança pretendida.

Jabe, 1992, afirmou que a resistência cultural ocorre quando uma ideia que propõe a mudança entra em conflito com elementos culturais existentes, tais como normas, valores e crenças.

Eze, 1972, referiu a sua razão como sendo a resistência económica. Esta está relacionada com a inovação tecnológica: sem a capacidade económica necessária para adquirir tecnologia, haverá resistência à mudança. A pobreza ou a falta de capital são as principais fontes de resistência económica à mudança.

Bila, 1977, identificou a sua razão como resistência económica. Esta razão está sobretudo relacionada com a inovação tecnológica, uma vez que se pode estar confiante, mas sem a capacidade económica necessária para adquirir tecnologia, haverá resistência à mudança.

Abbot, 1981, afirmou que, num sistema social em que a estratificação é bastante forte e enraizada, haverá resistência à mudança. Sempre que há uma mudança, algumas pessoas beneficiam enquanto outras não beneficiam. Se alguém se aperceber do que vai perder com o processo de mudança, fará tudo o que estiver ao seu alcance para sabotar esse programa.

Ovjobi, 1973, afirmou que uma das formas eficazes de comunicar uma nova inovação às zonas rurais consiste em convidar as inovações e os primeiros utilizadores para as empresas agrícolas, de modo a dar-lhes a conhecer um novo pacote, com o aconselhamento dos extensionistas, a inovação será implementada para melhorar as competências agrícolas

Omokere, 1989, concluiu que, se for encontrada uma inovação, esta tem de ser tratada, analisada e misturada cuidadosamente para se adequar à nossa nova inovação nas zonas rurais. O empréstimo agrícola pode ajudar a melhorar a situação financeira destes primeiros adoptantes e inovadores. O papel do extensionista consiste em orientar os inovadores na aplicação do novo pacote.

Anka e Khooharo, 2010, afirmaram que o nível de visitas de extensão às famílias de agricultores não era encorajador no Estado de Zamfara, na Nigéria. O número de visitas registado foi baixo, particularmente durante os anos de 1998 e 1999. Mas algumas melhorias podem ser atribuídas aos 32 Agentes de Extensão de Aldeia (VEA) adicionais recrutados pela Direção do ZADP. Além disso, os ensaios em pequenas parcelas e a formação em gestão restringiram-se às culturas, enquanto a demonstração foi utilizada para a transferência de tecnologia.

Anka, 2000, identificou algumas áreas de competência importantes que ajudarão os trabalhadores da extensão a melhorar o seu desempenho na manutenção do profissionalismo e na compreensão do comportamento humano na transferência de inovações agrícolas para os agricultores.

Roseboon etal, 2004 recomenda que a ASARIECA e os seus membros promovam a adoção de uma perspetiva de inovação agrícola na sua análise política. Isto ajudá-los-á a identificar componentes e ligações fracas ou em falta no seu sistema de inovação agrícola e a tomar medidas em conformidade.

Anderson e Feder, 2004, afirmaram que os factores críticos para a adoção de novas inovações são a disponibilidade de tecnologia melhorada, o acesso a insumos e recursos modernos e a rentabilidade a um nível de risco aceitável. Os agricultores obtêm informações de muitas fontes. A extensão pública é uma fonte, mas não necessariamente a mais eficiente. Há muito a fazer para levar serviços de extensão adequados aos agricultores pobres de todo o mundo, uma vez que a maior parte dos serviços de extensão continuará a ser financiada em grande parte pelo sector público.

Rajalahti, 2009, concluiu que a capacidade de inovar está frequentemente relacionada com a ação colectiva e com a existência de condições que permitam a adoção da inovação. Assim, a promoção da inovação na agricultura exige a coordenação do apoio à investigação agrícola, à extensão e ao ensino, promovendo parcerias e ligações inovadoras ao longo e para além da cadeia de valor agrícola.

CGIAR, 1998 identificou como factores que limitam a adoção o facto de a disponibilidade de sementes não ser fiável. A adoção tem sido mais extensa entre os agricultores de grande escala nas zonas húmidas porque eles têm capital para investir em sementes. A taxa de adoção de variedades de sorgo foi reduzida porque durante o tempo do seu desenvolvimento o subsídio foi removido. Os agricultores estavam insatisfeitos com o rendimento das novas cultivares na ausência de fertilizantes.

2.0 METODOLOGIA

3.2 Localização e população do estudo

A área de estudo situa-se na zona da administração local de Zurmi, no

Estado de Zamfara, na Nigéria. O estudo abrange seis (6) bairros que constituem a administração local. A população-alvo do estudo era constituída por agricultores, camponeses e alguns funcionários públicos que trabalham na área da administração local de Zurmi.

3.2 Técnicas de amostragem e dimensão da amostra

Foi selecionada uma amostra de seis bairros de um total de 10. Foram selecionados oito inquiridos dos seis bairros selecionados para representar toda a Administração Local. O questionário foi formulado pelo investigador com base nas perguntas da investigação.

3.3 Técnicas de análise de dados

Os dados recolhidos no terreno através de um questionário foram analisados utilizando o método quantitativo. As variáveis do questionário foram codificadas numa folha de códigos e num livro de códigos, respetivamente. A informação foi analisada utilizando várias ferramentas estatísticas como frequências, percentagens e resposta direta. Estas foram utilizadas para mostrar as variações entre uma variável.

2.0 RESULTADOS E DISCUSSÕES

Secção A: - Questionário do pessoal de campo

Esta secção descreve a forma como os dados foram analisados utilizando várias técnicas estatísticas. Os resultados foram interpretados da seguinte forma: - **Tabela 4.1 Idade dos inquiridos**

Respostas	Frequência	Percentagem (%)

10 - 20 anos	25	31.2
25 - 30anos	38	47.5
40 - 50anos	17	21.2
60 - 70 anos	-	-
Total	80	100%

Fonte: Resultados do inquérito, 2016

Os dados apresentados na Tabela 4.1 mostram que 25 (31,2%) dos inquiridos têm idades compreendidas entre os 10 e os 20 anos, enquanto 38 (47,5%) têm idades compreendidas entre os 25 e os 30 anos. Do mesmo modo, 17 (21,2%) dos inquiridos têm idades compreendidas entre os 40 e os 50 anos. Os inquiridos com idades compreendidas entre os 60 e os 70 anos são demasiado velhos para se dedicarem à atividade agrícola, apresentando uma percentagem nula.

Tabela 4.2 <u>Tipos de agricultura praticados</u>

Respostas	Frequência	Percentagem (%)
Produção animal	32	40
Produção vegetal	17	21.2
Produção de peixe	25	31.2
Todas as opções anteriores	6	7.5
Total	80	100%

Fonte: Resultados do inquérito, 2016

Os resultados do inquérito apresentados no Quadro 4.2 mostram as principais actividades dos agricultores na área de estudo. A maioria dos inquiridos, 32 (40%), são criadores de gado, enquanto 17 (21,2%) são agricultores. Do mesmo modo, cerca de 25 (31,2%) dedicam-se à piscicultura para se sustentarem.

Tabela 4.3 <u>Culturas/animais cultivados na área</u>

Respostas	Frequência	Percentagem (%)
Milho da Guiné	14	17.5
painço	12	15
Milho	23	29
Gado	10	12.5
Ovinos	6	7.5
Feijões	15	18.5
Total	80	100

Fonte: Resultados do inquérito, 2016

A perceção dos inquiridos relativamente aos tipos de culturas/animais cultivados na área revelou que 14 (17,5%) dos inquiridos cultivam milho-da-índia, enquanto 12 (15%) e 23 (29%) cultivam painço e milho. Os resultados mostraram ainda que 10 (12,5%) e 6 (7,5%) são criadores de gado bovino e ovino, respetivamente. Por último, 15 (18,5%) cultivam feijão na área de estudo.

Quadro 4.4 <u>Gestão das culturas e do gado</u>

Descrição	Frequência	Percentagem (%)
Pelo método tradicional	55	68.7
Por método melhorado	25	31.2
Total	80	100%

Fonte: Resultados do inquérito, 2016

A opinião sobre a gestão das culturas e do gado é apresentada no Quadro 4.4. Os resultados revelaram que 55 (68,7%) dos inquiridos adoptam o método tradicional de agricultura e criação de gado. Enquanto 25 (31,2%) se preparam para adotar o método melhorado que, se for bem aplicado, permitirá obter melhores resultados.

Quadro 4.5 <u>Desincentivo à aceitação de novas inovações</u>

Respostas	Frequência	Percentagem (%)
Restrição financeira	50	62.5
Falta de compreensão	10	12.5
Falta de acesso ao projeto Agric. Projeto de Desenvolvimento	25	25
Total	80	100%

Fonte: Resultados do inquérito, 2016

Os dados apresentados na Tabela 4.5 indicam que 50 (62,5%) dos inquiridos relataram que a falta de financiamento é responsável pela aceitação de novas inovações. Da mesma forma, 10 (12,5%) e 25 (25%)

dos inquiridos referiram que a falta de compreensão do que é a inovação e a falta de acesso aos serviços oferecidos pelo Projeto de Desenvolvimento Agrícola na área, respetivamente, os desencorajam a aceitar novas inovações agrícolas.

Tabela 4.6 <u>Receção de novas tecnologias dos extensionistas?</u>

Respostas	Frequência	Percentagem (%)
Sim	64	80
Não	16	20
Total	80	100%

Fonte: Resultados do inquérito, 2016

O quadro 4.6 indica que 64 (80%) concordaram que a extensão

Os funcionários implementaram novos pacotes de inovação para eles, enquanto

16 (20%) não receberam qualquer pacote. Descobriu-se durante a entrevista que a maioria deles não tem conhecimento dos novos pacotes. Os resultados mostram que os agricultores recebem novas tecnologias dos extensionistas.

Quadro 4.7 <u>No formulário Aceitação</u>

Respostas	Frequência	Percentagem (%)
Ao fornecer sementes melhoradas	19	23.5

Prestando aconselhamento técnico	40	50
Ao fornecer fertilizantes	14	17.5
Ao fornecer produtos químicos	7	9
Total	80	100%

Fonte: Resultados do inquérito, 2016

Os dados apresentados no Quadro 4.7 resumem a opinião sobre o tipo de tecnologia de extensão fornecida aos agricultores. Cerca de 19 (23,5%) dos inquiridos referiram que lhes foi fornecida semente melhorada, enquanto 40 (50%) beneficiaram de aconselhamento técnico. Além disso, 14 (17,5%) e 7 (9%) receberam fertilizantes e produtos químicos, respetivamente. Os resultados concluem que a maioria dos agricultores recebeu aconselhamento técnico dos extensionistas. Isto ajudou-os a aumentar a produção nesta época de cultivo.

Quadro 4.8 <u>Aceitação ou rejeição da inovação</u>

Respostas	Frequência	Percentagem (%)
Aceite	28	35
Não aceite	52	65
Total	80	100%

Fonte: Resultados do inquérito, 2016

A perceção dos inquiridos em relação à aceitação de novas inovações é apresentada na Tabela 4.8. Os resultados mostraram que 28 (35%) aceitaram novas inovações agrícolas, enquanto a maioria 52 (65%) rejeitou as inovações que lhes foram entregues pelos extensionistas. Isto mostra que há necessidade de uma campanha de sensibilização do Projeto de Desenvolvimento Agrícola na área de estudo.

Quadro 4.9 <u>Respostas a novas inovações</u>

Respostas	Frequência	Percentagem (%)
Estradas pobres	27	33.7
Não estou interessado	13	16.2
Restrições financeiras	40	50
Total	80	100%

Fonte: Resultados do inquérito, 2016

Os dados apresentados na Tabela 4.9 mostram que 27(33.7%) dos inquiridos revelaram que estradas pobres desencorajam a aceitação de novas inovações, e cerca de 13(16.2%) não estavam interessados. A maioria dos inquiridos, 40(50%), referiu que os constrangimentos financeiros são responsáveis pela não aceitação de novas inovações.

Quadro 4.10 <u>O que deve o Governo fazer para incentivar os agricultores a aceitarem inovações</u>

Respostas	Frequência	Percentagem (%)

Ao conceder um empréstimo	48	60
Mais conselhos sobre extensão	22	27.5
Venda de factores de produção a preços subsidiados	10	12.5
Total	80	100%

Fonte: Resultados do inquérito, 2016

Os resultados do inquérito na Tabela 4.10 mostraram que o envio de mais extensionistas para entregar inovações aos agricultores não resolverá os problemas de aceitação de novas inovações, mas a maioria dos agricultores 49 (60%) sugeriu que o desembolso de empréstimos para superar os seus problemas financeiros os motivará a aceitar novas inovações. Cerca de 22 (27,5%) e 10 (12,5%) acreditam que mais conselhos de extensão e a venda de insumos a preços subsidiados os motivarão a aceitar novas inovações.

Quadro 4.11 <u>Quais destes factores o ajudarão na adoção de novas inovações</u>

Respostas	Frequência	Percentagem (%)
A sua vantagem relativa	12	15
A sua compatibilidade	22	27.5
O seu grau de friabilidade	13	16.2
O seu nível de observabilidade	17	21.2

| Todas as opções anteriores | 16 | 20 |
| Total | 80 | 100% |

Fonte: Resultados do inquérito, 2016

A opinião sobre os factores que ajudam os agricultores a adotar novas inovações é apresentada no Quadro 4.11. Os resultados mostram que 12 (15%) dos inquiridos acreditam que a sua vantagem relativa os ajudará a adotar novas inovações. Da mesma forma, a maioria dos agricultores 22 (27,5%) referiu a sua compatibilidade, enquanto 13 (16,2%) e 17 (21,2%) referiram o seu nível de triabilidade e observabilidade. Por último, 16(20%) dos agricultores acreditam que todos os aspectos acima mencionados ajudarão a uma melhor adoção das inovações agrícolas.

Quadro 4.11 <u>**Problemas encontrados pelos agricultores ao aceitarem as novas inovações**</u>

Respostas	Frequência	Percentagem (%)
Os agricultores negligenciam a aceitação dos conselhos dos extensionistas	38	47.5
A maioria dos agricultores é demasiado conservadora	42	52.5
Total	80	100%

Fonte: Resultados do inquérito, 2016

A Tabela 4.12 acima mostrou que 38 (47,8%) dos inquiridos negligenciam a aceitação de conselhos dos extensionistas, enquanto a maioria 42 (52,5%) dos inquiridos é demasiado conservadora. Esta atitude afecta a aceitação de novas inovações na área de estudo. É necessária mais campanha de sensibilização para mudar esta atitude e as instituições tradicionais devem ser envolvidas nesta campanha.

3.1 <u>RESUMO, CONCLUSÕES E RECOMENDAÇÕES</u> 5.1 <u>Resumo</u>

O objetivo deste documento é avaliar os factores que afectam a aceitação da inovação agrícola no Governo Local de Zurmi, no Estado de Zamfara, na Nigéria. O estudo examina a forma como os agricultores gerem as suas culturas e o seu gado e por que razão o método tradicional é aceite pelos agricultores. Além disso, o investigador investigou a razão pela qual as inovações foram rejeitadas e o papel do governo na motivação dos agricultores para aceitarem as inovações. Foi selecionada uma amostra total de 80 inquiridos das seis alas selecionadas para representar todo o Governo Local. Os dados foram analisados utilizando várias ferramentas estatísticas. Os resultados do estudo são apresentados a seguir.

3.2 <u>Conclusões</u>

As principais conclusões deste documento são as seguintes -

-       Os resultados do estudo sobre o que desencoraja os agricultores a aceitarem novas inovações mostraram que a maioria dos 50 (62,5%) dos inquiridos referiu a falta de financiamento, enquanto 10 (12,5%) e 25 (25%) referiram a falta de compreensão do conceito de inovações e a falta de acesso aos serviços oferecidos pelo Projeto de Desenvolvimento Agrícola na área.

- A perceção dos inquiridos em relação às novas tecnologias entregues pelos extensionistas revelou que a maioria 64 (80%) dos inquiridos concordou que lhes foram entregues novos pacotes, enquanto apenas 16 (20%) concordaram que não lhes foram entregues novos pacotes.

- Os dados relativos às respostas às novas inovações mostraram que 28 (35%) dos inquiridos aceitaram as novas inovações, enquanto 52 (65%) rejeitaram a ideia.

- Os resultados do inquérito sobre as razões pelas quais as inovações foram rejeitadas revelaram que 27 (33,75) dos inquiridos indicaram que a responsabilidade é das más estradas, enquanto 13 (16,2%) não estavam de todo interessados em aceitar inovações. Do mesmo modo, 40(50%) dos inquiridos referiram que as restrições financeiras são responsáveis pela não aceitação de inovações.

- A opinião sobre os problemas com que os agricultores se depararam ao aceitar as inovações mostrou que 38 (47,5%) dos inquiridos negligenciaram os conselhos oferecidos pelos extensionistas, enquanto a maioria 42 (52,5%) dos inquiridos é demasiado conservadora.

- A perceção dos inquiridos sobre o que o governo deveria fazer para encorajar os agricultores a aceitarem inovações revelou que a maioria dos agricultores 48 (60%) concordou que o governo deveria conceder-lhes empréstimos. Da mesma forma, 22 (27,5%) concordaram que deveriam ser dados mais conselhos de extensão. Apenas 10 (12,5%) gostariam que o governo vendesse factores de produção a preços subsidiados.

5.3 Recomendações

Com base nas conclusões acima referidas, são formuladas as seguintes recomendações: -

- O projeto de desenvolvimento agrícola e as ONG locais devem incentivar uma campanha de alfabetização em massa para educar os agricultores sobre as novas inovações agrícolas.

- O governo deve providenciar infra-estruturas adequadas, como boas estradas, água, transportes e alojamento para os extensionistas que são destacados para trabalhar nas zonas rurais.

- Os agricultores devem receber insumos agrícolas de agências governamentais e ONG a preços subsidiados para aumentar a participação efectiva dos agricultores na área de estudo.

- Devem ser disponibilizadas aos agricultores instalações de armazenamento que lhes permitam guardar as colheitas para utilização futura.

- Os agentes de extensão devem continuar a visitar os agricultores regularmente, de modo a ensinar-lhes as inovações provenientes do Instituto de Investigação Agrícola.

CAPÍTULO 6

AVALIAÇÃO DA IMPLEMENTAÇÃO DO PROGRAMA GLOBAL DE REVOLUÇÃO AGRÍCOLA DE ZAMFARA (ZACAREP) NAS ÁREAS DE GOVERNO LOCAL DE ANKA E BUKKUYUM NO ESTADO DE ZAMFARA DA NIGÉRIA

RESUMO:

O estudo investiga e avalia a implementação do Programa ZACAREP em Anka e Bukkuyum LGAs no Estado de Zamfara, na Nigéria. Foi selecionada uma amostra total de 120 pessoas divididas nas duas áreas governamentais locais acima referidas. Foram selecionadas seis alas em cada ala, tendo sido selecionadas 20 amostras em igual proporção. A análise dos dados foi efectuada através de estatísticas descritivas, tais como médias aritméticas e percentagens simples. A principal conclusão retirada deste documento foi a perceção dos inquiridos relativamente ao sucesso ou fracasso do programa nas áreas de estudo, que revelou que a maioria dos 58 (96,6%) em Anka LGA e 55 (91,6%) em Bukkuyum LGA considera que o programa registou um enorme sucesso. Enquanto apenas 2 (3,3%) e 5 (8,3%) nas duas LGAs relataram o fracasso do programa em geral. Recomenda-se que os beneficiários do programa envidem esforços no sentido da sustentabilidade do programa no futuro. Com base no que precede, conclui-se que a hipótese nula é rejeitada e a hipótese alternativa é aceite.

INTRODUÇÃO:

Zamfara é um Estado agrário com cerca de 82% da sua população a viver em zonas rurais e a depender da agricultura e de actividades relacionadas com a agricultura para a sua subsistência.

O Estado tem cerca de 250.000 famílias de agricultores, a maioria das quais são agricultores pobres em recursos de pequena escala com pequenas propriedades de terra. O sistema de produção agrícola no Estado é caracterizado pela adoção inadequada das tecnologias disponíveis, por elevadas perdas pós-colheita, por sistemas de armazenamento deficientes e pela falta de acesso aos mercados.

Embora dotado de recursos agrícolas abundantes, o Estado é habitado principalmente por pobres, com grandes segmentos da sua população geralmente excluídos dos benefícios do desenvolvimento. Dado o papel que a agricultura desempenha na estimulação do processo de crescimento económico e de desenvolvimento através do aumento da produção, da transformação, da comercialização e do desenvolvimento de pequenas empresas agrícolas, o seu desenvolvimento é crucial para a geração de um crescimento económico de base ampla necessário ao desenvolvimento rural.

Acreditando que a agricultura será o motor do crescimento económico do Estado, o governo criou, em 2003, o Programa Global de Revolução Agrícola de Zamfara (ZACAREP), com o objetivo de provocar uma revolução global no sector agrícola para aumentar a produção agrícola através da introdução de novas tecnologias, da adoção de tecnologias simples em áreas de técnicas de mecanização agrícola, da utilização de sementes e plântulas melhoradas e de estratégias melhoradas de pós-colheita e comercialização.

O objetivo de uma elevada taxa de crescimento económico previsto pelo governo só pode ser alcançado se a produção agrícola aumentar significativamente. O aumento da produção reduzirá diretamente a fome e fará baixar o custo dos alimentos. Terá também benefícios económicos mais amplos ao estimular as matérias-primas para as pequenas e médias empresas agro-alimentares do Estado.

Por conseguinte, tendo em conta o que precede, os objectivos gerais deste documento são investigar o papel e a contribuição do ZACAREP para a transformação da agricultura nas zonas governamentais locais de Anka e Bukkuyum no Estado de Zamfara, na Nigéria. Os objectivos específicos foram os seguintes

> Examinar os anos de experiência do pessoal do ZACAREP no programa.

> Avaliar o nível de atividade agrícola dos beneficiários-alvo nas zonas de estudo.

> Investigar o programa ZACAREP e a sua contribuição para a transformação da agricultura nas áreas governamentais locais de Anka e Bukkuyum.

> Avaliação do impacto e do tipo de apoio concedido pelo programa ZACAREP aos beneficiários-alvo.

1.2 **Questões de investigação:**

As questões de investigação são apresentadas a seguir:

> Qual é o impacto do Programa ZACAREP no aumento do nível de vida dos agricultores de subsistência nas áreas de estudo?

> Quais são as caraterísticas demográficas dos inquiridos?

> O rendimento dos agricultores aumentou através da utilização das práticas recomendadas pelo ZACAREP?

> Existe algum lucro significativo na utilização de um sistema avançado de produção de culturas?

> Qual é o papel dos agricultores-alvo na execução do Programa ZACAREP nas áreas de estudo?

1.3 **Hipótese:**

São propostas as seguintes hipóteses para serem testadas.

Ho. O impacto do programa ZACAREP não mudou a vida dos beneficiários-alvo.

Ha. O impacto do programa ZACAREP mudou a vida dos beneficiários-alvo.

Ho. O rendimento dos agricultores permanece estagnado através da utilização das práticas recomendadas pelo ZACAREP.

Ha. O rendimento dos agricultores aumentou devido à utilização das práticas recomendadas pelo ZACAREP.

Ho. O papel negativo desempenhado pelos agricultores-alvo na execução do programa levou ao fracasso do programa.

Ha. O papel positivo desempenhado pelos agricultores-alvo na execução do programa contribuiu para o seu êxito.

2.1 REVISÃO DA LITERATURA:

Anka, 1995, identificou programas de desenvolvimento rural em

No Paquistão, alguns programas específicos foram únicos num determinado aspeto, por exemplo, o programa "Aldeia e foi o primeiro programa que estendeu os seus tapetes organizacionais ao coração das zonas rurais através da aldeia e dos trabalhadores e incorporou a componente do desenvolvimento das mulheres.

Gazalla e Rao, 2004, forneceram algumas provas empíricas

Mostrar que os projectos de desenvolvimento de base comunitária e orientados para a comunidade não têm sido particularmente eficazes na orientação para os pobres. A maioria desses projectos é dominada pelas elites, com pouca participação dos beneficiários-alvo.

IFPRI, 2007 Realizou uma avaliação aprofundada do Programa Nacional de

Fadama Development Project III na Nigéria e concluiu que, após o seu primeiro ano completo de funcionamento, o projeto tinha aumentado os rendimentos médios das famílias em 60%. Em resultado dos seus impactos favoráveis, o projeto ganhou o prémio africano de excelência atribuído pelo Banco Mundial em setembro de 2007.

Torero, 2008 Apresenta desafios e oportunidades significativos

Para os decisores políticos que pretendem acelerar o desenvolvimento rural nos países da América Latina. Estes países adoptaram reformas de grande alcance. Como resultado, as suas economias cresceram e a inflação diminuiu. Apesar destes resultados positivos, a elevada taxa de pobreza, a taxa de subnutrição e os sectores agrícolas subdesenvolvidos são comuns.

Khan, 2009 Examina em pormenor os factos, as actividades e a análise de nove programas de desenvolvimento rural no Paquistão. O estudo destaca a forma como as organizações comunitárias rurais permitiram que as pessoas participassem na tomada de decisões que afectam o seu bem-estar e reclamassem recursos a pessoas de fora, particularmente a organizações do sector público.

Anka et al, 2009 Investigar as actividades das organizações de desenvolvimento das aldeias (VDO) no distrito de Badin, na província de Sindh, no Paquistão. Os resultados do inquérito revelaram que 1,6% dos inquiridos declararam que a autossuficiência e a realização de reuniões regulares foram adoptadas por Dos, apenas 3,2% salientaram que a capacitação é a atividade mais importante para a redução da pobreza. Cerca de 18% concordaram que o seu rendimento aumentou devido à agricultura e à pecuária. Finalmente, 42% revelaram que o seu rendimento permanece estagnado devido à falta de facilidades de crédito.

O relatório de 2009 das Iniciativas ASTI do IFPRI mostra que, embora

Muitos países latino-americanos de rendimento médio registaram um crescimento impressionante nas despesas com a agricultura e o desenvolvimento rural entre 1996 e 2006. Três países, Argentina, Brasil e México, foram responsáveis por 70% do total de investimentos agrícolas em 2006. O relatório conclui que é necessário um forte apoio político à investigação agrícola e ao desenvolvimento rural e apoio financeiro para alcançar a segurança alimentar.

Anka, 2012 Apresenta quatro décadas de desenvolvimento rural em

Ao longo dos anos, a iniciativa governamental da Nigéria no domínio do desenvolvimento rural e da capacitação dos pobres tem desempenhado um papel muito positivo na redução da pobreza rural. Consequentemente, a Nigéria adoptou o IRDP como abordagem. Esta abordagem desempenhou um papel muito positivo na melhoria do nível de vida da população.

2.1 **Quadro teórico:**

Os objectivos do ZACAREP eram os seguintes

1.   Aumento da produção vegetal dos pequenos e médios agricultores de Zamfara através da divulgação de tecnologias melhoradas baseadas nas culturas.

2.   Reforço sazonal de rotina das capacidades do pessoal de extensão da linha da frente, juntamente com os agricultores com recursos, a fim de desenvolver pessoal de extensão de qualidade para uma

transferência eficaz de tecnologias.

3. Promover o desenvolvimento de agricultores associados para ligação a serviços de poupança e empréstimo, fornecimento de factores de produção e comercialização da produção.

4. Introduzir a redução de custos, tecnologias de transformação agrícola que poupem trabalho e identificar novas oportunidades de geração de rendimentos para as mulheres.

5. Aumento da produção de carne através do fornecimento aos agricultores de um pacote completo de medicamentos para a alimentação de touros, carneiros, cabras, etc. e de sais minerais, com uma melhor tecnologia de gestão da alimentação dos animais.

2.2 Instalação administrativa:

As actividades da organização abrangem todo o Estado, ou seja, as 14 Áreas Governamentais Locais e os 17 Conselhos dos Emirados.

Cada Governo Local é dirigido por um Coordenador do Governo Local. Enquanto cada Distrito / ADC é chefiado por um Supervisor assistido por facilitadores técnicos. Abaixo está o organograma da estrutura administrativa do ZACAREP desde o mais alto órgão de tomada de decisão até ao nível de gestão do governo local.

Figura 1: ORGANOGRAMA DO ZACAREP

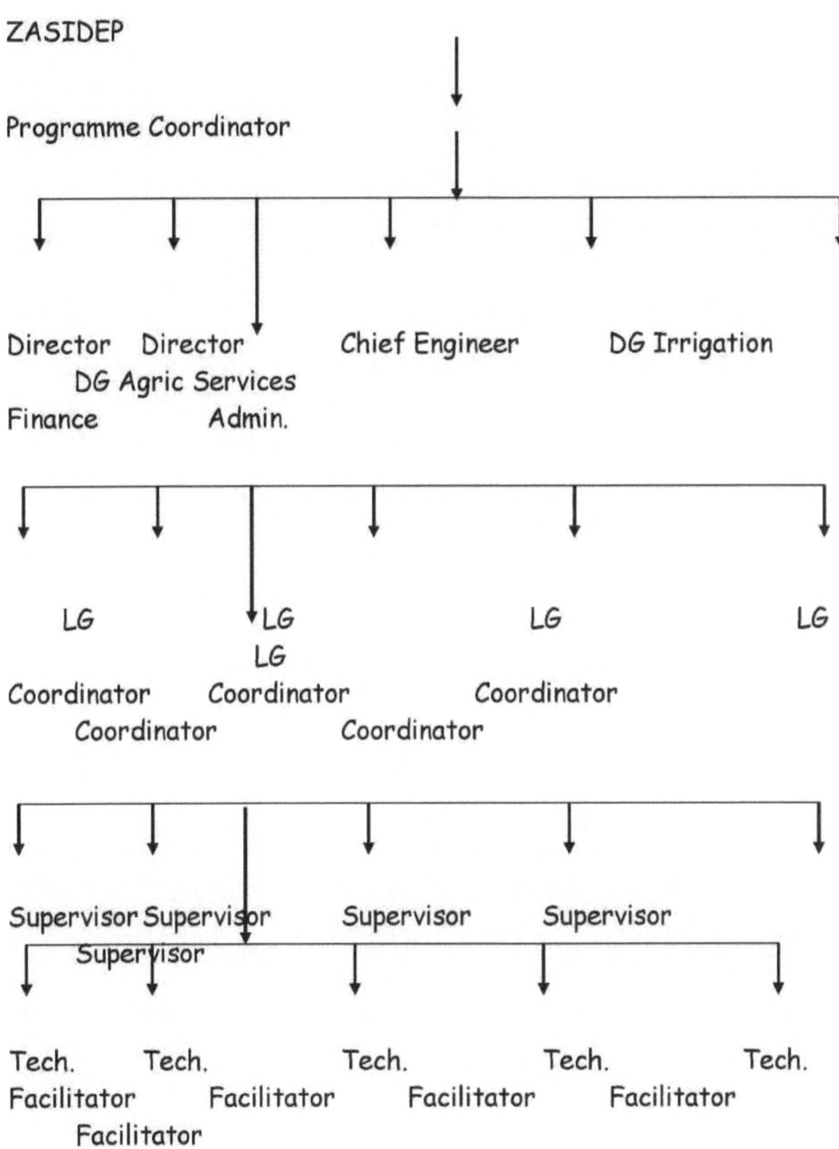

2.3 **População-alvo:**

Agricultores e criadores de gado pobres das zonas rurais, bem como

outros grupos de interesse económico. Os grupos desfavorecidos e

com deficiências físicas. Todos os cidadãos do Estado de Zamfara interessados na agricultura.

2.4 **Responsabilidades do pessoal técnico:**

1.   Coordenação das actividades do ZACAREP e dos agricultores

2.   Supervisão dos agricultores, dos seus dias de campo e do pessoal de co-extensão.

3.   Facilitar o acesso dos agricultores a outras fontes de empréstimo e de comercialização.

4.   Educação dos agricultores sobre técnicas melhoradas

i.   Organização de jornadas no terreno

ii.   Demonstrações no terreno

iii.   Organização dos agricultores em grupos

iv.   Realização de acções de formação técnica para os agricultores.

2.5 **Serviços Básicos Prestados pela ZACAREP aos Agricultores:**

1.   Serviços de extensão gratuitos através da utilização de pessoal técnico de extensão.

2.   Concessão de facilidades de empréstimo, como o empréstimo de factores de produção agrícola, tração animal e empréstimos em numerário, etc.

3.   Ligação a instituições financeiras como bancos e companhias de seguros.

4.   Reforço das capacidades através de seminários e formação no terreno.

2.6 **Estratégia de implementação:**

A estratégia do Programa de Revolução Agrícola (ZACAREP) reconhece que as actividades geradoras de rendimento e de melhoria do bem-estar devem ser abordadas em conjunto com a agricultura de uma forma multifacetada mas bem coordenada através do desenvolvimento agrícola integrado. A estratégia de implementação consistirá em:

> Abordagem participativa orientada para a comunidade.

> Dependência do sector privado para a participação e os investimentos principais nas actividades de produção.

> Abordagem orientada para a tecnologia que incentiva os agricultores a apreciar, aceitar e adotar ideias, métodos, processos e técnicas tecnológicas relevantes.

> O Governo desempenha um papel de liderança nos esforços de desenvolvimento agrícola através da prestação de apoio logístico à extensão e do reforço das capacidades dos agentes de extensão e dos agricultores.

2.6.1 **Disposições relativas à extensão:**

É necessário criar um mecanismo de extensão. Estima-se que o Estado de Zamfara tenha 250.000 famílias de agricultores. Os agricultores são convidados a formar e a pertencer a grupos, caso ainda não pertençam a nenhum. Os grupos devem ter uma dimensão razoável. Todos os grupos serão considerados como grupos-alvo. Durante o primeiro ano de intervenção, os facilitadores serão os agricultores-alvo a quem serão dirigidos todos os esforços de intervenção. Para o efeito, foi realizada uma série de formações de reforço das capacidades, tanto para os técnicos como para os facilitadores dos agricultores. Foram realizadas reuniões e workshops com as partes interessadas para reforçar os laços, a cooperação e os esforços de implementação entre as partes interessadas.

2.6.2 Formação de grupos:

Embora os grupos possam ter existido e os agricultores possam ter formado novos grupos com ou sem o encorajamento e a assistência de outros, os facilitadores técnicos terão de verificar alguns pormenores técnicos relacionados com a formação de grupos, a fim de garantir que algumas informações vitais para uma boa organização e grupos potencialmente sustentáveis foram cumpridas por cada um dos grupos.

Obtenção de inputs:

A ZACAREP facilitará a aquisição atempada de factores de produção junto de comerciantes privados. Quando o capital for novamente um problema, espera-se que o ZACAREP facilite a obtenção de crédito pelos agricultores a partir de fontes adequadas. Espera-se que os facilitadores técnicos garantam que a qualidade e a quantidade indicadas para cada insumo sejam corretas.

2.6.3 Plano financeiro

Incentiva-se a realização de actividades que exijam financiamento direto do Governo do Estado nos domínios da formação, do reforço das capacidades e da supervisão. Os principais custos no âmbito do projeto serão os dos insumos para os agricultores. O ZACAREP facilitará a ligação dos agricultores aos fornecedores de insumos e às instituições de financiamento, tais como o NACRDB e outros bancos comerciais.

2.6.4 Formação de supervisores,

Facilitadores Técnicos e Facilitadores dos Agricultores: Para cada cultura selecionada, haverá pacotes técnicos específicos sobre os quais os supervisores e os facilitadores técnicos terão de ser formados. A formação incidirá na aquisição de competências, de modo a garantir que as práticas agrícolas e agronómicas sejam executadas com a maior precisão possível pelos agricultores. Os facilitadores técnicos devem ser introduzidos nos princípios básicos dos processos participativos. Isto, quando transmitido aos agricultores, permitir-lhes-á apropriarem-se das suas actividades e assumi-las plenamente ao longo da estação. Os facilitadores técnicos formados deverão, por sua vez, formar os facilitadores agricultores. Espera-se também que desenvolvam um calendário das suas actividades com base nos problemas que identificaram, nas soluções que propuseram e no plano de ação que elaboraram.

2.6.5 Desenvolvimento de centros de serviços de extensão:

A base de operações de cada facilitador técnico deve ser considerada como um centro de serviços de extensão. Espera-se que os Conselhos de Desenvolvimento de Área/Distritos providenciem algumas instalações básicas para o centro. Espera-se que os fornecedores de insumos, especialmente do sector privado, disponibilizem os seus produtos nos centros através de acordos com os seus revendedores locais em todo o Estado.

2.6.6 **Fornecimento de logística e supervisão no terreno:**

Todo o pessoal no terreno necessitará de mobilidade para poder facilitar e supervisionar de forma eficaz e eficiente. Todos os supervisores e técnicos devem dispor de motociclos para poderem desempenhar as suas funções de forma eficiente e eficaz. Necessitarão também de fundos para poderem manter os seus motociclos.

2.6.7 **Disposições relativas à colheita, armazenagem e comercialização:**

Através dos facilitadores técnicos, os agricultores serão introduzidos em melhores práticas de colheita e de armazenamento. É necessário reabilitar os grandes armazéns do Governo construídos para o programa ADP, onde os produtos adquiridos podem ser guardados antes de serem comercializados.

A ZACAREP deve entrar em contacto com a ZASIDEP para garantir que sejam disponibilizadas instalações para facilitar o transporte de produtos agrícolas. É necessário criar centros de compra e estabelecer acordos com comerciantes para a compra de produtos agrícolas a preços razoáveis.

2.6.8 **Benefícios esperados:**

> Aumento da produção agrícola e do rendimento dos agricultores.

> Prevê-se que a produção agrícola aumente em 2004 entre 12 e 15% em relação a 2003.

> O aumento da produção agrícola deve ser mantido até 2007 (48-60%) com o apoio do Governo do Estado de Zamfara. A partir de 2007, espera-se que a produção aumente para 90%.

> Prevê-se que 56.000 hectares de terra sejam cultivados para a produção de culturas. Muitos jovens das zonas rurais ganharão também emprego nas explorações agrícolas.

> Até 2007, espera-se que sejam formados 40 000 grupos de agricultores.

> Melhoria do estado nutricional das comunidades rurais.

> Criação de emprego nas zonas rurais, o que reduzirá a

a ameaça da migração rural-urbana.

> Disponibilização de algumas matérias-primas para os aliados agrícolas

indústrias do Estado, ou seja, os têxteis e os lagares e descaroçadores de óleo.

3.0 **METODOLOGIA:**

A metodologia é definida como uma filosofia do processo de

investigação que inclui os pressupostos e os valores que servem de base às conclusões da investigação. O método adotado para esta investigação foi a utilização dos dados disponíveis e o método de inquérito.

a. Instrumento: Os dados relevantes para o estudo foram recolhidos através da utilização de entrevistas estruturadas presenciais; as entrevistas foram redigidas previamente e colocadas nas mesmas ordens.

b. Técnica de amostragem: O Programa ZACAREP opera em todas as 14 Áreas Governamentais Locais do Estado de Zamfara. No entanto, foram selecionadas duas Áreas de Governo Local, nomeadamente Anka e Bukkuyum, de cada Governo Local; foram selecionadas três alas utilizando a técnica de amostragem aleatória estratificada.

c. Dimensão da amostra: O tamanho total da amostra para esta investigação é de 120. Este número está dividido em dois, o que perfaz 60 amostras por LGA. A repartição da base de amostragem indica as LGAs selecionadas; os bairros e o número de amostras de inquiridos selecionados. Em cada ala das duas LGAs, foram selecionadas 20 amostras em igual proporção.

Quadro 1: Técnicas de amostragem e dimensão da amostra:

ANKA LOCAL GOVT. ÁREA Nome do bairro	Frequência	Percentagem
Galadima	20	16.6

Wuya	20	16.6
Barayar Zaki	20	16.6
Total	60	50
ÁREA GOVERNAMENTAL LOCAL DE BUKKUYUM Nome do bairro	Frequência	Percentagem
Nasarawa	20	16.6
Zarumai	20	16.6
Bukkuyum	20	16.6
Total	60	50

Fonte: Resultados do inquérito, 2017

d.   **Recolha de dados**: Os dados foram recolhidos de 1st a 14 de julho de 2017 sobre os antecedentes socioeconómicos dos inquiridos, tais como género, nível de educação, tamanho da família, ocupação, nível de agricultura, anos de experiência do pessoal com o ZACAREP.

e.   **Análise de dados**: Para atingir os objectivos, foram utilizadas estatísticas descritivas, como a média aritmética e as percentagens da amostra.

Acrescentar a (e) As perguntas foram feitas pelo investigador com base no problema apresentado e os inquiridos respondem prontamente às perguntas, após o que o investigador preenche o questionário com base nas informações fornecidas pelos inquiridos. Nesta investigação, há dois tipos de inquiridos: agricultores e pessoal técnico/facilitadores técnicos e seus supervisores.

a.   Os agricultores forneceram informações sobre a forma como beneficiaram do programa e em que medida o fizeram.

b.   O pessoal técnico transmite as mensagens de extensão aos agricultores, o que contribui para melhorar as suas actividades de produção agrícola.

4.0 RESULTADOS E DISCUSSÕES

4.1 Caraterísticas demográficas dos inquiridos N=120

O género, o nível de educação, o tamanho da família, a ocupação, o nível de agricultura, os anos de experiência do pessoal com o ZACAREP foram algumas das caraterísticas pessoais descritas da seguinte forma

Género: Os dados apresentados no Quadro 2 mostram que 45 (75%) dos inquiridos em Anka LGA eram do sexo masculino. Em Bukkuyum LGA, 40 (66,6%) eram do sexo masculino. Do mesmo modo, 15 (25%) dos inquiridos na Anka LGA eram do sexo feminino e 20 (33,33%) inquiridos do sexo feminino eram de Bukkuyum.

Tabela 2: Distribuição dos inquiridos por género:

Género	Freq. Anka LGA	%	Freq. Bukkuyum LGA	%
Masculino	45	75	40	66.6
Feminino	15	25	20	33.3
Total	60	100	60	100

Fonte: Resultados do inquérito, 2017

Nível de educação: A opinião sobre o nível de educação dos facilitadores técnicos e supervisores mostrou que 20 (33,3%) destes funcionários em Anka LGA possuem o certificado SSCE. Enquanto que em Bukkuyum 12(20%) possuem o SSCE. A maioria do pessoal de Anka 32(53.3%) e Bukkuyum 40(66.6%) possui Diploma / NCE, cerca de 6(10%) em Anka e 8(13.3%) em Bukkuyum LGAs possui B.Sc/HND. Apenas 2 (33,3%) em Anka LGA possuem um diploma de mestrado.

Tabela 3: Distribuição dos inquiridos por nível de ensino:

Nível de Educação	Freq. Anka LGA	%	Freq. Bukkuyum LGA	%
SSCE	32	53.3	40	66.6
Diploma /NCE	20	33.3	12	20
Bacharelato Licenciatura	/6	10	8	13.3
Mestrado.	2	3.3	-	-
Doutoramento	-	-	-	-
Total	60	100	60	100

Fonte: Resultados do inquérito, 2017

Dimensão da família: A perceção dos inquiridos relativamente ao tamanho da família é apresentada no Quadro 4. O resultado mostra que 30(50%) dos inquiridos em Anka LGA e 36(60%) em Bukkuyum LGA estão na faixa de 1 - 5. Enquanto 20 (33,3%) em Anka e 18 (30%) pertencem à faixa etária de 6 a 10 anos. Do mesmo modo, 8 (13,3%) e

3 (5%) das LGAs de Anka e Bukkuyyum, respetivamente, situam-se na faixa etária dos 11 aos 20 anos. Por último, 2 (3,3%) e 3 (5%) em ambas as LGAs têm mais de 21 anos de idade.

Quadro 4: Dimensão da família dos inquiridos:

Tamanho da família	Freq. Anka LGA	%	Freq. Bukkuyum LGA	%
1 - 5	30	50	36	60
6 - 10	20	33.3	18	30
11 - 20	8	13.3	3	5
Acima de 21	2	3.3	3	5
Total	60	100	60	100

Fonte: Resultados do inquérito, 2017

Ocupação dos inquiridos:

Os resultados do inquérito relativos à ocupação dos inquiridos no Quadro 5 revelaram que 34 (56,6%) na ZD de Anka e 40 (66,6%) na ZD de Bukkuyum se dedicam à agricultura como meio de subsistência. Cerca de 18(39%) e 10(16.6%) nas duas LGAs estão envolvidos no comércio, enquanto 8(13%) e 10(16.6%) em ambas as LGAs de Anka e Bukkuyum são facilitadores técnicos e seus supervisores envolvidos na implementação do Programa ZACAREP para a comunidade agrícola nas suas respectivas LGAs.

Tabela 5: Distribuição dos inquiridos por profissão:

Ocupação	Freq. Anka LGA	%	Freq. Bukkuyum LGA	%
Agricultura	34	56.6	40	66.6
Comércio	18	30	10	16.6
Facilitadores e supervisores técnicos	8	13	10	16.6
Total	60	100	60	100

Fonte: Resultados do inquérito, 2017

Anos de experiência do pessoal com o ZACAREP:

A perceção do pessoal do ZACAREP relativamente aos anos de experiência no programa ZACAREP nas áreas de estudo é apresentada no Quadro 6. O resultado mostra que 5 (8,3%) e 2 (3,3%) em Anka e Bukkuyum LGA têm menos de seis meses de experiência. Cerca de 15(25%) e 28(46.6) têm 6 meses a 1 ano de experiência e, finalmente, 40(66.6) e 30(50%) passaram entre 2-4 anos de experiência nos programas do ZACAREP nas zonas de estudo.

Tabela 6: Distribuição dos inquiridos por experiência com o ZACAREP:

Anos de Experiência	Freq. Anka LGA	%	Freq. Bukkuyum LGA	%
Menos de 6 meses	5	8.3	2	3.3

6 meses - 1 ano	15	25	28	46.6
2 - 4anos	40	66.6	30	50
Total	60	100	60	100

Fonte: Resultados do inquérito, 2017

Níveis de exploração agrícola:

Os dados apresentados na tabela 7 mostraram que 40 (66,6%) e 53 (88,3%) dos inquiridos em Anka e Bukkuyum LGA estão envolvidos em agricultura de pequena escala. Por outro lado, 20 (33,3%) e 7 (11,6%) nas duas zonas administrativas locais são agricultores em grande escala.

Tabela 7: Distribuição dos inquiridos por nível de atividade agrícola:

Nível de exploração agrícola	Freq. Anka LGA	%	Freq. Bukkuyum LGA	%
Pequena escala	40	66.6	53	88.3
Grande escala	20	33.3	7	11.6
Total	60	100	60	100

Fonte: Resultados do Inquérito, 2017 Tipos de Actividades da ZACAREP:

A opinião sobre os tipos de actividades no âmbito do programa ZACAREP nas áreas de estudo é apresentada no Quadro 8. Mostra que 22 (36,6%) e 20 (33,3%) nas Zonas Administrativas Locais de Anka e

Bukkuyum estão envolvidos na produção de culturas. Cerca de 14 (23,3%) e 15 (25%) dedicam-se à criação de gado. Enquanto 6 (10%) e 2 (3,3%) estão envolvidos na aplicação de pesticidas/insecticidas. Do mesmo modo, 2 (33,3%) e 10 (16,6) aplicam fertilizantes. Um total de 8 (13,3%) e 3 (5%) estão envolvidos na formação de Facilitadores Técnicos e seus Supervisores. Além disso, 3 (5%) e 4 (6,6%) estão envolvidos na formação de facilitadores dos agricultores nas áreas de estudo. Em igual proporção, 3 (5%) e 4 (6,6%) são responsáveis pelos preparativos para a colheita e o armazenamento e, finalmente, 2 (3,3%) e 2 (3,3%) são responsáveis pela facilitação e comercialização.

Tabela 8: Tipos de Actividades do ZACAREP nas Áreas de Estudo:

Actividades	Freq. Anka LGA	%	Freq. Bukkuyum LGA	%
Produção vegetal	22	36.6	20	33.3
Produção animal	14	23.3	15	25
Pesticidas/ aplicação de insecticidas	6	10	2	3.3
Aplicação de fertilizantes	2	3.3	10	16.6
Formação de técnicos. Facilitadores e supervisores	8	13.3	3	5

Formação de facilitadores agrícolas	3	5	4	6.6
Disposições relativas à colheita e à armazenagem	3	5	4	6.6
Acordo de facilitação e Marketing	2	3.3	2	3.3
Total	60	100	60	100

Fonte: Resultados do inquérito, 2017

Impacto das Actividades do ZACAREP nos Beneficiários Alvo: A perceção dos inquiridos sobre o impacto do programa ZACAREP nos beneficiários-alvo nas áreas de estudo é apresentada na Tabela 9. Esta mostra que 42 (70%) e 39 (65%) dos inquiridos nas Zonas Administrativas Locais de Anka e Bukkuyum concordaram que o programa tinha criado um impacto na população de base. Enquanto 18 (30%) e 21 (35%) afirmaram que o programa não teve qualquer impacto nas zonas de estudo. Cerca de 26 (43,3%) e 30 (50%) dos inquiridos declararam que o seu rendimento aumentou. Do mesmo modo, 18 (30%) e 15 (25%) concordaram que o rendimento das suas culturas aumentou. Enquanto 14(23,3%) e 15(25%) também concordaram que a sua atividade pecuária aumentou e, finalmente, 2(3,3%) dos inquiridos da Anka LGA referiram todos os aspectos acima referidos.

Tabela 8: Distribuição dos inquiridos por impacto do programa

ZACAREP nas áreas de estudo:

Impacto criado	Freq. Anka LGA	%	Freq. Bukkuyum LGA	%
Causa impacto?				
Sim	42	70	39	65
Não	18	30	21	35
Total	60	100	60	100
Impacto criado	Freq. Anka LGA	%	Freq. Bukkuyum LGA	%
Aumento do rendimento	26	43.3	30	50
Aumento de Rendimento das culturas	18	30	15	25
Aumento de Pecuária	14	23.3	15	25
Todas as opções anteriores	2	3.3	-	-
Total	60	100	60	100

Fonte: Resultados do inquérito, 2017

Tipos de apoio da ZACAREP:

Os resultados do inquérito relativos aos tipos de apoio do ZACAREP, no Quadro 10, mostram que 8 (13,3%) e 12 (20%) dos inquiridos referiram que o pessoal do ZACAREP efectuou a avaliação/monitorização do programa nas áreas de estudo. Cerca de 22 (36,6%) e 30 (50%) concordaram que o Governo do Estado de Zamfara financiou o programa com todo o empenho. Do mesmo modo, 20 (33,3%) e 3 (5%) concordaram que foi prestada formação sob a forma de aconselhamento de extensão. Cerca de 6(10%) e 9(15%) referiram que a mobilização foi efectuada e, finalmente, 4(6,6%) e 6(10%) concordaram que o pessoal do ZACAREP, os facilitadores técnicos e os seus supervisores supervisionam regularmente o programa nas áreas de estudo. Os resultados acima referidos estão de acordo com Anka, 2010, que referiu que as maiores realizações das ONGs foram a mobilização, a formação e a concessão de facilidades de crédito aos beneficiários. Estes esforços criaram uma maior consciencialização para a criação de mais actividades geradoras de rendimentos. Da mesma forma, Sanusi, 2000 confirma que as ONG e as organizações internacionais forneceram apoio financeiro que ajuda na execução do projeto com sucesso. Também Nelson, 2005, explica que o apoio financeiro e a formação desempenham um papel vital em qualquer projeto iniciado.

Tabela 10: Distribuição dos inquiridos por apoio do programa ZACAREP:

Tipos de apoio	Freq. Anka	%	Freq. Bukkuyum	%

	LGA		LGA	
Avaliação/ Controlo	8	13.3	12	20
Financiamento	22	36.6	30	50
Formação	20	33.3	3	5
Mobilização	6	10	9	15
Supervisão	4	6.6	6	10
Total	60	100	60	100

Fonte: Resultados do inquérito, 2017

Problemas encontrados em matéria de financiamento e de fornecimento de factores de produção:

A opinião sobre os problemas encontrados relativamente ao financiamento do programa pelo Governo do Estado de Zamfara e ao fornecimento de factores de produção é apresentada no Quadro 11. O resultado mostra que 17 (28,3%) em Anka LGA e 21 (35%) em Bukkuyum LGA responderam Sim, foram encontrados poucos problemas. A maioria dos inquiridos da nossa amostra 43(71,6%) em Anka e 39(65%) em Bukkuyum responderam Não foram encontrados problemas relativamente ao financiamento e ao fornecimento de factores de produção.

Tabela 11: Distribuição dos inquiridos por problemas encontrados no financiamento e fornecimento de insumos:

Problemas Encontrado	Freq. Anka LGA	%	Freq. Bukkuyum LGA	%
Sim	17	28.3	21	35
Não	43	71.6	39	65
Total	60	100	60	100

Fonte: Resultados do inquérito, 2017

Perceção do sucesso ou insucesso do programa em geral:

A perceção dos inquiridos relativamente ao sucesso ou insucesso do programa nas áreas de estudo é apresentada no Quadro 12, que mostra que a maioria dos 58 (96,6%) em Anka LGA e 55 (91,6%) em Bukkuyum LGA acredita que o programa registou um enorme sucesso nas áreas de estudo. Enquanto que apenas 2 (3,3%) e 5 (8,3%) nas duas Áreas Governamentais Locais relataram o fracasso do programa em geral.

Tabela 12: Distribuição dos inquiridos relativamente ao sucesso ou insucesso do programa em geral:

Descrição	Freq. Anka LGA	%	Freq. Bukkuyum LGA	%
Sucesso	58	96.6	55	91.6
Falha	2	3.3	5	8.3
Total	60	100	60	100

Fonte: Resultados do inquérito, 2017

5.0 RESUMO, CONCLUSÕES E RECOMENDAÇÕES

5.1 **Resumo**:

O estudo avaliou a implementação do programa ZACAREP nas zonas governamentais locais de Anka e Bukkuyum, no Estado de Zamfara, na Nigéria. Foi selecionada uma amostra total de 120 pessoas divididas nas duas LGAs. Foram selecionadas seis alas e, em cada ala, foram selecionadas 20 amostras em igual proporção. Os dados foram recolhidos de 1st de julho a 14th de julho de 2013 nas áreas de estudo. A análise dos dados foi efectuada através de estatísticas descritivas, como a média aritmética e percentagens simples, para atingir os objectivos do estudo.

5.2 **Conclusões**:

As principais conclusões deste estudo são as seguintes

1.   A opinião sobre o impacto do programa ZACAREP na área de estudo mostra que 42 (70%) e 39 (65%) dos inquiridos nas Áreas Governamentais Locais de Anka e Bukkuyum concordaram que o programa tinha criado um impacto na população de base. Cerca de 26 (43,3%) e 30 (50%) dos inquiridos declararam que o seu rendimento aumentou. Do mesmo modo, 18 (30%) e 15 (25%) concordaram que o rendimento das suas culturas aumentou. Enquanto 14 (23,3%) e 15 (25%) também concordaram que a sua atividade pecuária aumentou.

2.   Os resultados do inquérito sobre os problemas encontrados em relação ao financiamento e ao fornecimento de insumos revelaram que 17 (28,3%) em Anka LGA e 21 (35%) em Bukkuyum LGA responderam que foram encontrados poucos problemas. A maioria dos inquiridos da

nossa amostra, 43(71,6%) e 39(65%) em ambas as LGAs, responderam Não foram encontrados problemas relativamente ao financiamento e fornecimento de insumos.

3.   A perceção dos inquiridos relativamente ao sucesso ou insucesso do programa nas áreas de estudo mostrou que, na sua maioria, 58 (96,6%) em Anka LGA e 55 (91,6%) em Bukkuyum LGA acreditavam que o programa registou um enorme sucesso nas áreas de estudo. Enquanto que apenas 2 (3,3%) e 5 (8,3%) nas duas Áreas Governamentais Locais relataram o fracasso do programa em geral. Tendo em conta o que precede, a hipótese nula é rejeitada e a hipótese alternativa Ha é aceite.

5.3 RECOMENDAÇÕES:

Com base nas conclusões acima referidas, são formuladas as seguintes recomendações

>   Os beneficiários do ZACAREP devem envidar esforços no sentido da sustentabilidade do seu programa.

>   Uma vez que se concluiu que o ZACAREP era um programa viável, o governo deve apoiar novos programas no sector agrícola que sejam viáveis.

>   A liderança da associação de agricultores deve ser sustentável a longo prazo.

>   As sociedades cooperativas e as associações de agricultores devem garantir que os seus membros obtêm crédito e factores de

produção no momento certo (antes ou durante a plantação).

> Recomenda-se que o Governo continue a fornecer serviços de extensão gratuitos aos agricultores, o que ajudará a sustentar os seus programas.

CAPÍTULO 7

UMA AVALIAÇÃO DA IMPLEMENTAÇÃO DO PROJECTO FADAMA III NAS ÁREAS DE GOVERNO LOCAL DE MARADUN E BAKURA NO ESTADO DE ZAMFARA DA NIGÉRIA RESUMO:

O terceiro Projeto Nacional de Desenvolvimento de Fadama é um esforço consciente do Governo Federal da Nigéria, com a assistência do Banco Mundial, para apoiar os pequenos agricultores a atingirem uma produtividade óptima e a passarem da agricultura de subsistência para a agricultura comercial, contribuindo para a segurança alimentar nacional. O estudo examinou e avaliou o projeto nas áreas governamentais locais de Maradun e Bakura. Foi selecionada uma amostra total de 100 pessoas, dividida em igual proporção nas duas áreas governamentais locais. Os dados foram analisados através de estatísticas descritivas, tais como a média aritmética e as percentagens simples. As principais conclusões retiradas deste documento foram as seguintes: a perceção dos inquiridos relativamente ao sucesso ou insucesso do projeto revelou que 40 (80%) em Maradun e 46 (92%) em Bakura declararam que o projeto foi bem sucedido nas áreas de estudo. Abaixo de 10 (20%) e 4 (8%) inquiridos relataram o fracasso do projeto. Recomenda-se a necessidade de construção de mais infra-estruturas comunitárias, tendo em conta o aumento da população nas áreas de estudo. É necessária formação regular sobre infra-estruturas comunitárias de pequena escala para que a comunidade possa beneficiar das instalações no terreno. Com base nas conclusões acima apresentadas, rejeita-se a hipótese nula Ho e aceita-se a hipótese alternativa.

INTRODUÇÃO:

Fadama é uma palavra hausa para designar terras irrigáveis, geralmente planícies baixas cobertas por aquíferos pouco profundos, que se encontram ao longo do sistema fluvial da Nigéria. A palavra é utilizada no contexto dos projectos apoiados pelo Banco Mundial (ou seja, Fadama I, II e III).

Atualmente, o Fadama III é um programa nacional de 5 anos que abrange 19 novos Estados e os 12 Estados que participaram no projeto Fadama II. Inclui também 6 estados do BAD. Em cada um dos Estados beneficiários, são escolhidas 20 áreas da administração local para participar, enquanto 10 associações comunitárias de Fadama (FCA) são incorporadas no projeto a partir de cada área da administração local.

Em termos reais, isto representa 2,2 milhões de agregados familiares agrícolas rurais, aproximadamente mais de 10% da população nacional, com grupos-alvo que incluem agricultores, pastores, pescadores, comerciantes, transformadores, caçadores e recolectores, bem como grupos desfavorecidos e com deficiências físicas, prestadores de serviços, operadores privados e agências governamentais, que fazem parte da população-alvo deste projeto.

Olhando para a questão do ponto de vista socioeconómico, o envolvimento da população-alvo acima referida traz consigo oportunidades de criação de emprego, erradicação da pobreza e aumento do desenvolvimento económico rural. Partindo do antigo conceito de tomada de decisões de cima para baixo, o projeto adoptou uma abordagem ativa de desenvolvimento orientado para a comunidade de baixo para cima, que coloca as comunidades beneficiárias e as partes interessadas no lugar do condutor. De acordo com este conceito, os projectos são identificados e executados pelas comunidades com base nas suas necessidades e exigências específicas, enquanto os gabinetes de coordenação dos projectos servem apenas de facilitadores.

Do que precede, conclui-se que os objectivos do projeto conduzirão naturalmente a uma utilização acrescida e eficaz dos recursos terrestres e hídricos nas comunidades beneficiárias de Fadama III, o que se traduzirá em benefícios multiplicadores, como o aumento da produção alimentar, o emprego, a criação de infra-estruturas rurais e, em última análise, a promoção não só da segurança alimentar, mas também da segurança nacional.

A isto acresce o facto de que o conceito do projeto gira em torno de uma grande mudança da agricultura de subsistência para a agricultura comercial, com os seus benefícios socioeconómicos para as comunidades, o ambiente a nível local e estatal, bem como para o PIB da nação. Em todos os projectos a realizar, as respectivas FCA devem ter sempre em conta as normas de conceção aprovadas, como a estabilidade estrutural, a segurança geral, a estética e a conformidade ambiental.

É importante notar que Fadama III é agora uma realidade e que devem ser envidados esforços para que seja um sucesso, tanto para o governo como para aumentar a segurança alimentar, a criação de emprego, o desenvolvimento de infra-estruturas e a redução da pobreza. A ligação positiva entre estas variáveis é essencial para tornar o governo mais significativo na vida das pessoas. A presente investigação tem por objetivo avaliar os progressos e as realizações do projeto Fadama III nas áreas da administração local de Maradun e Bakura.

Declaração do problema:

Muitos países em desenvolvimento realizaram progressos significativos noutros sectores das suas economias, mas negligenciaram o sector rural e as pessoas continuam a estar grosseiramente subdesenvolvidas. [st] Na perspetiva do século XXI, devemos mostrar o processo de expansão urbana e concentrarmo-nos no desenvolvimento rural. É necessária investigação para resolver vários problemas das populações rurais pobres. A execução do projeto Fadama III no Estado de Zamfara é um bom passo na direção certa e contribuirá para capacitar os pobres para a autossuficiência numa base sustentável a longo prazo.

Objectivos do documento:

1. Identificar as infra-estruturas comunitárias estabelecidas nas zonas de estudo.

2. Descrever os tipos e as fontes de informação sobre o mercado.

3.   Avaliar as classes de equipamentos adquiridos pela FUG e Acesso à Tecnologia Agrícola.

4.   Avaliar os tipos de apoio do Gabinete de Coordenação de Fadama III e o impacto do projeto nos beneficiários-alvo.

5.   Aceder à perceção dos inquiridos relativamente ao sucesso ou insucesso do projeto.

Hipótese:

São propostas as seguintes hipóteses para serem testadas:

Ho Existem infra-estruturas comunitárias na zona de estudo? Ha. As infra-estruturas comunitárias existem efetivamente nas zonas de estudo.

Ho. Não havia acesso à tecnologia agrícola para os agricultores.

Ha. Foi facultado aos agricultores o acesso à tecnologia agrícola.

Ho. O impacto do projeto não mudou a vida das pessoas.

Ha. O impacto do projeto mudou a vida das pessoas.

Ho. A intenção do projeto não conseguiu atingir o objetivo desejado?

Ha. As intenções do projeto atingiram o objetivo desejado.

REVISÃO DA LITERATURA

Ogunna, 1988 Avaliar o desenvolvimento rural na Nigéria Oriental

Antes de 1963, o Governo das Áreas Governamentais Locais na região oriental tinha permanecido um caso de manutenção doméstica. Houve poucos projectos de capital intensivo, tais como plantações e assentamentos agrícolas, e foi dada alguma assistência de natureza escassa a pequenos serviços de extensão, tendo ambos chegado a um pequeno número de agricultores.

Burki, 1993 apresenta uma interpretação da autossuficiência

O desenvolvimento rural participativo, tal como foi definido e desenvolvido através da investigação e da experiência no terreno ao longo dos últimos 15 anos, começa com a consciencialização e a análise. As pessoas pobres devem ter acesso e mobilizar os seus próprios recursos humanos e materiais para a ação de iniciativa. Isto ajudará no processo de desenvolvimento.

Singh, 2000 Conclui que, para a aplicação efectiva de

Nos programas de desenvolvimento rural, o projeto deve ser orientado para as pessoas, com a participação do governo e de outras agências. Cada projeto deve ter um plano bem pensado de implementação, monitorização e avaliação do projeto. O papel do governo e das ONG deve limitar-se ao de catalisadores.

IFPRI, 2007 Conduziu uma Avaliação Independente do Programa Nacional de

Fadama Development Project III na Nigéria e concluiu que, após o seu primeiro ano completo de funcionamento, o projeto tinha aumentado o rendimento médio das famílias em 60%. Em resultado dos seus impactos favoráveis, o projeto ganhou o Prémio Africano de Excelência do Banco Mundial.

Nwachukwu e Eze, 2007 Avaliar o grau de consciencialização

E a participação da população rural e o exame do rendimento dos agricultores, da dimensão da exploração, da produção e da produtividade. Os resultados mostraram que os programas de desenvolvimento rural tiveram um impacto significativo na produtividade e no rendimento agrícola a um nível de probabilidade de 5%. A sensibilização e a participação foram mais elevadas nos programas de desenvolvimento rural em comparação com outros programas.

Anka, L.M et al 2009 Examinar as actividades das organizações de desenvolvimento das aldeias no combate à pobreza no distrito de Sanghar e identificar os seus problemas. Os resultados do inquérito revelaram que 58% dos inquiridos reconheceram a concessão de microcrédito por parte das VDOs. Do mesmo modo, 48% responderam que eram fornecidas instalações de saúde. Apenas 5% referiram que era fornecida água potável.

Anka, L.M. e Shaikh, F. 2010 Análise da apresentação dos meios de subsistência rurais na província de Sindh, no Paquistão. Os autores constataram que o sector público contribuiu significativamente através de vários programas de intervenção, mas as despesas com subsídios alimentares e habitação a baixo custo estagnaram, com um impacto negativo nas populações rurais pobres.

Quadro teórico:

O terceiro Projeto Nacional de Desenvolvimento de Fadama (Fadama

III) é um seguimento da primeira e segunda fases do Projeto NFDP. Os impactos positivos cumulativos dos projectos Fadama I e II atestam que o projeto visa os pequenos agricultores de Fadama, utilizando a abordagem de desenvolvimento orientado para a comunidade (DDC) de uma forma sustentável e sensível ao ambiente.

O terceiro Projeto Nacional de Desenvolvimento de Fadama é um esforço consciente do Governo Federal da Nigéria, com a assistência do Banco Mundial, para apoiar os pequenos agricultores a atingirem uma produtividade óptima e passarem da produção agrícola de subsistência para a comercialização, contribuindo para a segurança alimentar nacional e o crescimento agrícola. No Estado de Zamfara, o projeto será implementado em 14 áreas governamentais locais. O Governo do Estado contribuirá com N56.355.148,00 anualmente, enquanto 14 LGAs contribuirão com N2 milhões cada.

Objectivos do projeto:

O objetivo geral do projeto é aumentar o rendimento dos utilizadores de terras rurais e de recursos hídricos numa base sustentável. Os objectivos específicos são os seguintes

a. Financiar investimentos em infra-estruturas comunitárias produtivas.

b. Reforçar as capacidades dos grupos de utilizadores da Fadama e das suas associações comunitárias de topo.

c. Promover a gestão socialmente inclusiva e ambientalmente

sustentável dos recursos naturais.

d.   Contribuir imensamente para alcançar o crescimento agrícola desejado e a comercialização da agricultura na Nigéria.

População-alvo:

a.   Homens e mulheres pobres das zonas rurais (agricultores, pastores, pescadores, comerciantes, transformadores, caçadores, bem como outros grupos de interesse económico).

b.   Os grupos desfavorecidos e com deficiência física.

c.   Prestadores de serviços, incluindo agências governamentais, operadores privados, etc.

Componentes do projeto:

a.   Reforço das capacidades, comunicação e apoio à informação.

b.   Infra-estruturas comunitárias de pequena escala.

c.   Serviço de aconselhamento Apoio X-input

d.   Apoiar a investigação patrocinada pela ADP e a demonstração na exploração agrícola.

e.   Aquisição de activos para FUG/EIG individuais.

f.   Gestão do projeto M&E e EMP.

Sensibilização:

A sensibilização foi conseguida através de várias visitas a partes interessadas relevantes, tais como Ministérios, MDA e LGAs, líderes tradicionais e utilizadores de Fadama. A visita foi também apoiada pela produção e transmissão de programas de rádio e televisão, jingles e distribuição de panfletos do projeto em várias funções e reuniões públicas.

Factores que afectam a execução do projeto:

Os principais factores que afectaram positivamente a implementação do projeto foram a crescente compreensão dos principais conceitos e abordagem por parte dos intervenientes no projeto, a abordagem CDD adoptada, o aumento da capacidade do pessoal e dos beneficiários, o investimento considerável na sensibilização e mobilização dos intervenientes. Os factores que afectaram negativamente a implementação do projeto foram o não pagamento dos fundos de contrapartida pelo Governo do Estado, o baixo nível de alfabetização dos grupos participantes, o que tornou as formações, a documentação, a manutenção de registos e a elaboração de relatórios mais difíceis a nível comunitário.

Principais lições aprendidas:

As principais questões aprendidas durante a execução incluem o pagamento de fundos de contrapartida para o projeto, o que exigirá um quadro legislativo sólido, a conceção do projeto para garantir a inclusão social, a orientação para os grupos pobres e vulneráveis foi eficaz e alcançou os resultados desejados. A motivação do pessoal teve implicações positivas no desempenho do pessoal e na realização dos objectivos de desenvolvimento do projeto.

Sustentabilidade:

Há fortes indícios de que as actividades dos FUG e dos FCA continuarão, devido ao funcionamento alargado dos grupos e ao estatuto das poupanças feitas para acordos de sustentabilidade. Os grupos do processo do LDP (Plano de Desenvolvimento Local) estão agora ativamente envolvidos na tomada de decisões para abordar a sua agenda de desenvolvimento. A participação contínua no processo de desenvolvimento cria uma nova cultura de governação, incluindo princípios de transparência e de responsabilidade.

METODOLOGIA

A metodologia é definida como uma filosofia do processo de investigação que inclui os pressupostos e os valores que servem de base às conclusões da investigação. O método adotado para esta investigação foi a utilização dos dados disponíveis e o método de inquérito.

a. **Instrumento:** Os dados relevantes para o estudo foram recolhidos através de uma entrevista estruturada face a face, redigida previamente e colocada pela mesma ordem.

b. **Técnica de amostragem:** O projeto Fadama III opera em todos os 14 LGAs do Estado de Zamfara. No entanto, foram selecionadas duas LGAs, nomeadamente: Maradun e Bakura foram selecionadas utilizando a técnica de amostragem aleatória estratificada.

c. **Dimensão da amostra:** O tamanho total da amostra para o estudo foi de 100. Este número está dividido em dois, o que faz com que sejam 50 amostras por LGA. Uma repartição da estrutura de amostragem indicando a LGA selecionada, as alas e o número de amostras de inquiridos selecionados. Em cada ala das duas LGAs, foram selecionadas 25 amostras em igual proporção.

<u>Técnicas de amostragem e dimensão da amostra em cada bairro:</u>

Maradun LGA	Frequência	Percentagem
Maradun Norte	25	25%
Dosara	25	25%
Total	50	50
Bakura LGA	Frequência	Percentagem
Ala Bakura	25	25%
Yarkufoji	25	25%
Total	50	50
Grande - Total	100	100

d. **Recolha de dados:** Os dados foram recolhidos de 12 a 22 de fevereiro de 2017 sobre o contexto socioeconómico dos inquiridos, como o sexo, o nível de educação, o estado civil, a dimensão da família, a idade e a profissão.

e. **Análise de dados:** Para atingir os objectivos, foram utilizadas estatísticas descritivas, como a média aritmética e as percentagens simples.

4.0 **RESULTADOS E DISCUSSÃO:**

4.1 Caraterísticas socioeconómicas dos inquiridos N = 100:

Género: Os resultados do inquérito relativos ao género são apresentados no Quadro 4.1. Os resultados mostraram que 38 (76%) e 43 (86%) dos inquiridos eram do sexo masculino em Maradun e Bakura. Enquanto 12 (24%) e 07 (14%) eram do sexo feminino nas duas LGAs, respetivamente.

Tabela 1.1: Distribuição dos inquiridos por género:

Género	Freq. Maradun LGA	%	Freq. Bakura LGA	%
Masculino	38	76	43	86
Feminino	12	24	07	14
Total	50	100	50	100

Fonte: Resultados do inquérito, 2017

Estado civil: A opinião relativa ao estado civil na Tabela 1.2 revelou que 24 (50%) e 32 (65%) eram casais casados nas ZDs de Maradun e Bakura. Cerca de 03(6%) e 02(4%) eram solteiros. Os resultados mostram ainda que 12(24%) e 08(16%) eram divorciados e, finalmente, 09(18%) e 08?16%) eram viúvos.

Tabela 1.2: Distribuição dos inquiridos por estado civil:

Estado civil	Freq. Maradun LGA	%	Freq. Bakura LGA	%
Casado	24	52	32	64
Individual	03	06	02	04

Divorciado	12	24	08	16
Viúva	09	18	08	16
Total	50	100	50	100

Fonte: Resultados do inquérito, 2017

Tamanho da família: Os dados apresentados na Tabela 1.3 mostraram que os membros da família na faixa etária de 1-5 anos estão em Maradun 03(6%) e 07(14%) Bakura LGA. Da mesma forma, 25(50%) e 10(20%) estão na faixa etária de 6-10 anos. Enquanto 20(40%) e 23(46%) pertencem à faixa etária de 11-20 anos. Cerca de 02(4%) e 10(20%) têm mais de 20 membros na família.

Tabela 1.3: Distribuição dos inquiridos por dimensão da família:

Descrição	Freq. Maradun LGA	%	Freq. Bakura LGA	%
1 - 5	03	6	07	14
6 - 10	25	50	10	20
11 - 20	20	40	23	46
Acima de 20	02	4	10	20
Total	50	100	50	100

Fonte: Resultados do inquérito, 2017

Nível de educação: A perceção dos inquiridos relativamente ao nível de educação na Tabela 1.4 revelou que 12 (24%) inquiridos em Maradun e 15 (30%) em Bakura tinham educação corânica. Do mesmo modo,

08(16%) e 10(20%) tinham educação de adultos. A maioria dos inquiridos 16(32%) e 13(26%) frequentaram a escola primária. Enquanto 10(20%) e 06(12%) cursaram o ensino médio. Finalmente, 04(8%) e 06(12%) nas duas LGAs, respetivamente, frequentaram o ensino superior. Os resultados acima referidos estão de acordo com Anka, 2010, que afirmou que 40% dos inquiridos no Distrito de Sanghar tinham concluído o ensino primário. Apenas 1,3% tinham o nível de ensino superior.

Tabela 1.4: Distribuição dos inquiridos por nível de ensino:

Educação Nível	Freq. Maradun LGA	%	Freq. Bakura LGA	%
Educação corânica.	12	24	15	30
Educação de adultos.	08	16	10	20
Ensino Primário.	16	32	13	26
Ensino Secundário	10	20	06	12
Ensino Superior.	04	08	06	12
Total	50	100	50	100

Fonte: Resultados do inquérito, 2017

Idade: Os dados apresentados na Tabela 1.5 revelam que 5 (10%) Maradun e 2 (4%) Bakura têm idades compreendidas entre os 10 e os

20 anos. Cerca de 7 (14%) e 12 (24%) pertencem à faixa etária de 21-30 anos. A maioria dos inquiridos, 20 (40%) e 15 (30%), situa-se na faixa etária dos 31 aos 40 anos. Enquanto 18 (36%) e 21 (42%) têm mais de 41 anos.

Tabela 1.5: Distribuição dos inquiridos por idade:

Idade	Freq. Maradun LGA	%	Freq. Bakura LGA	%
10 - 20	5	10	2	4
21 - 30	7	14	12	24
31 - 40	20	40	15	30
Acima de 41	18	36	21	42
Total	50	100	50	100

Fonte: Resultados do inquérito, 2017

Profissão: Os resultados do inquérito relativos à ocupação dos inquiridos são apresentados na Tabela 1.6. Os resultados mostraram que 23 (46%) em Maradun e 32 (64%) em Bakura LGA são agricultores, enquanto 17 (34%) e 12 (24%) estão envolvidos no comércio. O menor número de inquiridos 10(20%) e 06(12%) são funcionários públicos nas áreas de estudo.

Os resultados acima referidos estão de acordo com Anka 2010, que revelou que, no distrito de Sanghar, 5,61% dos agregados familiares possuíam competências para exercer a profissão de ferreiro. Do mesmo modo, no distrito de Badin, 6,3% dos agregados familiares possuíam competências em carpintaria para se tornarem carpinteiros.

Quadro 1.5: Distribuição dos inquiridos por profissão:

Ocupação	Freq. Maradun LGA	%	Freq. Bakura LGA	%
Agricultura	23	46	32	64
Comércio	17	34	12	24
Funcionários públicos	10	20	06	12
Total	50	100	50	100

Fonte: Resultados do inquérito, 2017

4.2.2 Distribuição das empresas agrícolas:

Os dados apresentados no Quadro 7 revelam que, em Maradun, 18 (36%) e Bakura 20 (40%) dos inquiridos se dedicam à produção vegetal. Cerca de 6(12%) e 2(4%) dedicam-se à produção animal. A maioria dos inquiridos 12(24) e 8(16%) dedicam-se à produção vegetal. Cerca de 8 (16%) e 5 (10%) praticam a agricultura de regadio. Uma proporção muito pequena de inquiridos nas áreas de estudo 4(8%) e 7(14%) produziam peixe e 2(4%) e 8(16%) criavam aves de capoeira. Os resultados acima estão de acordo com Okolo, 2011, que afirmou que a produção agrícola era a atividade predominante da empresa agrícola para 27% dos inquiridos. Enquanto a produção de gado tinha cerca de 24% de inquiridos envolvidos nesta atividade agrícola. Do mesmo modo, a agricultura de regadio representava 16%, a produção de vegetais 4%

e a piscicultura 3%, respetivamente.

Tabela 2: Distribuição dos inquiridos por empresa agrícola

Descrição	Freq. Maradun LGA	%	Freq. Bakura LGA	%
Produção vegetal	18	36	20	40
Produção animal	06	12	02	04
Produção vegetal	12	24	8	16
Agricultura de regadio	8	16	5	10
Produção de peixe	04	08	07	14
Produção de aves de capoeira	02	4	08	16
Total	50	100	50	100

Fonte: Resultados do inquérito, 2017

4.2.3 **Tipos de infra-estruturas comunitárias:**

A perceção dos inquiridos sobre os tipos de infra-estruturas comunitárias construídas nas áreas de estudo é apresentada na Tabela 3. Os resultados mostraram que 8 (16%) em Maradun e 3 (6%) em Bakura são da opinião de que foram construídas estradas secundárias. Cerca de 22(44%) e 12(24%) revelaram que foram construídos bueiros. Enquanto que 13(26%) e 6(12%) opinaram que foram construídos, respetivamente, um barracão de refrigeração e uma banca de mercado.

Quadro 3: Distribuição dos inquiridos por tipos de infra-estruturas

comunitárias:

Descrição	Freq. Maradun LGA	%	Freq. Bakura LGA	%
Construção de estradas secundárias	8	16	3	6
Bueiro construído	22	44	12	24
Arrefecimento do mercado	13	26	6	12
Tenda de mercado	7	14	29	58
Total	50	100	50	100

Fonte: Resultados do inquérito, 2017

4.2.4 Tipos de informações adquiridas:

A opinião sobre os tipos de informação adquirida é apresentada na Tabela 4. Os resultados mostram que foram obtidos 20 (40%) preços de Maradun e 25 (50%) preços de input. Foram obtidos cerca de 17(34) e 5(10%) preços de produção. Do mesmo modo, foram obtidos 3(6%) e 2(4%) e 10(20%) e 18(36%) custos de armazenamento e de transformação, respetivamente, nas zonas de estudo.

Tabela 4: Distribuição dos inquiridos por tipos de informação adquirida:

Descrição	Freq. Maradun LGA	%	Freq. Bakura LGA	%

Preços dos factores de produção	20	40	25	50
Preços na produção	17	34	5	10
Custo de armazenamento	3	6	2	4
Custo de processamento	10	20	18	36
Total	50	100	50	100

Fonte: Resultados do inquérito, 2017

4.2.5 Fonte de informação sobre o mercado:

Os dados apresentados no Quadro 5 mostram as informações de mercado obtidas nas zonas de estudo. Os resultados revelaram que 294%) Maradun e 5(10%) Bakura obtiveram informações sobre o mercado de

Agências governamentais. Do mesmo modo, 20(40%) e 18(36%) foram obtidos junto dos facilitadores do Projeto Fadama III. Cerca de 9(18%) e 4(8%) obtiveram-no de ONGs. Cerca de 13(26%) e 20(40%) e 6(12%) e 3(6%) obtiveram os seus resultados junto de agentes de extensão e amigos, respetivamente. As constatações acima estão de acordo com Okolo, 2011, que afirmou que 58% dos inquiridos obtiveram informações agrícolas de amigos (colegas agricultores, vizinhos e conhecidos). Da mesma forma, os agentes de extensão facilitadores, agências governamentais, FCA e prestadores de serviços foram responsáveis por 25%, 23%, 19%, 17%, 16% e 11%, respetivamente.

Tabela 5: Distribuição dos inquiridos por tipos de fontes de informação sobre o mercado:

Descrição	Freq. Maradun LGA	%	Freq. Bakura LGA	%
Agências governamentais	2	4	5	10
Facilitadores	20	40	18	36
ONG	9	18	4	8
Agentes de extensão	13	26	20	40
Amigos	6	12	3	6
Total	50	100	50	100

Fonte: Resultados do inquérito, 2017

4.2.6   **Equipamento adquirido pela FUG:**

Os resultados do inquérito relativos ao equipamento adquirido pelos FUG são apresentados no Quadro 6. Os resultados revelaram que 30(60%) de Maradun e 25(50%) de Bakura adquiriram equipamentos de produção nas áreas de estudo. Cerca de 10 (20%) e 7 (14%) adquiriram equipamentos de processamento. Enquanto 3(6%) e 14(28%) obtiveram equipamentos para a pecuária. Do mesmo modo, 3(6%) e 2(4%) e 4(8%) e 2(4%) obtiveram equipamento de construção e outros equipamentos, respetivamente.

Tabela 3: Distribuição dos inquiridos por equipamento adquirido pela FUG:

Descrição	Freq. Maradun LGA	%	Freq. Bakura LGA	%
Equipamento produtivo	30	60	25	50
Equipamento de processamento	10	20	7	14
Equipamento pecuário	3	6	14	28
Equipamento de construção	3	6	2	4
Outros	4	8	2	4
Total	50	100	50	100

Fonte: Resultados do inquérito, 2017

4.2.7 Acesso à tecnologia de produção agrícola:

A perceção dos inquiridos relativamente ao acesso à tecnologia de produção agrícola é apresentada no Quadro 7. Os resultados mostraram que 22(44%) de Maradun e 16(32%) de Bakura tinham acesso a sementes melhoradas. Enquanto 8 (16%) e 5 (10%) tinham acesso à aplicação de fertilizantes. Cerca de 8(16%) e 14(28%) tinham acesso a tecnologia pós-colheita. Por último, 10(20%) e 9(18%) e 2(4%) e 6(12%) utilizavam herbicidas e insecticidas nas zonas de estudo. As constatações acima foram ainda apoiadas por Okolo, 2011, que relatou que 72% dos inquiridos tinham acesso à aplicação de fertilizantes, enquanto cerca de 57% tinham acesso à utilização de sementes melhoradas e insecticidas, respetivamente.

Tabela 7: Distribuição dos inquiridos por acesso à tecnologia de produção agrícola:

Descrição	Freq. Maradun LGA	%	Freq. Bakura LGA	%
Sementes melhoradas	22	44	16	32
Aplicação de fertilizantes	8	16	5	10
Tecnologia pós-colheita	8	16	14	28
Utilização de herbicidas	10	20	9	18
Utilização de insecticidas	2	4	6	12
Total	50	100	50	100

Fonte: Resultados do inquérito, 2017

4.2.8 **Tipos de apoio do projeto Fadama III:**

Os dados apresentados no Quadro 8, relativos aos tipos de apoio do Projeto Fadama III nas áreas de estudo, mostram que 10(20%) de Maradun e 6(12%) de Bakura informaram que o pessoal do Projeto Fadama III realizou a Monitorização e Avaliação do programa nas áreas de estudo. Enquanto 20(40%) e 15(30%) e 5(10%) e 4(8%) receberam formação e mobilização, respetivamente. Cerca de 8(16%)

e 14(28%) receberam financiamento e Finalmente, 7(14%) e 11(22%) concordaram que o pessoal do Projeto Fadama III supervisiona regularmente o programa nas áreas de estudo e dá-lhes conselhos em conformidade.

Quadro 8: Distribuição dos inquiridos por tipos de apoio do pessoal do projeto Fadama III:

Descrição	Freq. Maradun LGA	%	Freq. Bakura LGA	%
Controlo e avaliação	10	20	6	12
Formação	20	40	15	30
Mobilização	5	10	4	8
Financiamento	8	16	14	28
Supervisão	7	14	11	22
Total	50	100	50	100

Fonte: Resultados do inquérito, 2017

4.2.9 **Impacto do projeto Fadama III nos beneficiários-alvo:**

Os resultados do inquérito sobre o impacto do projeto nos beneficiários-alvo são apresentados no Quadro 9. Este mostra que 18(36%) em Maradun e 8(16%) em Bakura declararam que o seu rendimento aumentou. Do mesmo modo, 10 (20%) e 17 (34%) registaram um aumento do rendimento das culturas devido à implementação do projeto nas áreas de estudo. Cerca de 12(24%) e

4(8%) e 3(6%) e 9(18%) registaram um aumento da criação de gado e a construção de mais estradas secundárias, respetivamente. Finalmente, 7(14%) e 12(24%) registaram um aumento nas bancas de mercado. Isto mostra que o projeto teve um impacto positivo nas áreas de estudo. Os resultados acima estão de acordo com Anka, 2013, que relatou que 42 (70%) e 39 (65%) em ambas as LGAs de Anka e Bukkuyum concordaram que o projeto ZACAREP tinha criado um impacto na população de base.

Tabela 9: Distribuição dos inquiridos por Impacto do projeto nos beneficiários-alvo:

Descrição	Freq. Maradun LGA	%	Freq. Bakura LGA	%
Aumento do rendimento	18	36	8	16
Aumento do rendimento das culturas	10	20	17	34
Aumento do efetivo pecuário	12	24	4	8
Aumento das estradas de acesso	3	6	9	18
Aumento das bancas do mercado	7	14	12	24
Total	50	100	50	100

Fonte: Resultados do inquérito, 2017

4.2.10   **Perceção dos inquiridos sobre o sucesso ou insucesso do projeto:**

A perceção dos inquiridos relativamente ao sucesso ou insucesso do projeto nas áreas de estudo é apresentada no Quadro 10. Os resultados mostram que 40(80%) em Maradun e 46(92%) em Bakura afirmaram que o projeto tinha registado sucesso e realizações nas áreas de estudo. Cerca de 10(20%) e 4(8%) referiram o insucesso do projeto nas áreas de estudo.

Tabela 10: Perceção dos inquiridos relativamente ao sucesso ou insucesso do projeto:

Descrição	Freq. Maradun LGA	%	Freq. Bakura LGA	%
Sucesso	40	80	46	92
Falha	10	20	4	8
Total	50	100	50	100

Fonte: Resultados do inquérito, 2017

5.0 RESUMO, CONCLUSÕES E RECOMENDAÇÕES

5.1 RESUMO:

O estudo examina e avalia o papel do projeto Fadama III no desenvolvimento rural. Um estudo de caso das zonas governamentais locais de Maradun e Bakura no Estado de Zamfara, na Nigéria. Foi selecionada uma amostra total de 100 pessoas, distribuídas pelas duas LGAs. Foram selecionadas quatro alas e, em cada ala, foram selecionadas 25 amostras, em igual proporção. Os dados foram recolhidos de 12 a 22 de fevereiro de 2014 nas áreas de estudo. A análise dos dados foi efectuada utilizando estatísticas descritivas, como a média aritmética e as percentagens simples, para atingir os objectivos do estudo.

5.2 CONCLUSÕES:

As principais conclusões tiradas deste estudo foram as seguintes:- 1. A perceção dos inquiridos em relação aos tipos de infra-estruturas comunitárias construídas nas áreas de estudo mostrou que 18 (36%) em Maradun e 3 (6%) em Bakura são da opinião de que foram construídas estradas de alimentação. Cerca de 22 (44%) e 12 (24%) revelaram que foram construídos bueiros. Enquanto,

13(26%) e 6(12%) e 7(14%) e 29(58%) opinaram que foram criados, respetivamente, um pavilhão de refrigeração e uma banca de mercado.

2. Os resultados do inquérito relativos ao acesso à tecnologia de produção agrícola mostram que 22(44%) de Maradun e 16(32%) de Bakura tinham acesso a sementes melhoradas. Por outro lado, 8(16%) e 5(10%) tinham acesso à aplicação de fertilizantes. Cerca de 8(16%) e 14(28%) tinham acesso a tecnologia pós-colheita. Por último, 10(20%) e 9(18%) e 2(4%) e 6(12%) utilizaram herbicidas e insecticidas nas zonas de estudo.

3. Os dados recolhidos sobre os tipos de apoio do Gabinete de Coordenação do Projeto Fadama III no Estado revelaram que 10 (20%) de Maradun e 6 (12%) de Bakura informaram que o pessoal do Projeto

Fadama III realizou a Monitorização e Avaliação do Programa nas áreas de estudo. Enquanto 20(40%) e 15(30%) e 5(10%) e 4(8%) receberam formação e mobilização, respetivamente. Cerca de 8 (16%) e 14 (28%) receberam financiamento e, finalmente, 7 (14%) e 11 (22%) concordaram que o pessoal do Projeto Fadama III supervisiona regularmente o programa nas suas respectivas Áreas Governamentais Locais e dá-lhes conselhos sobre como melhorar a implementação do projeto. Com base nas conclusões acima apresentadas, a hipótese nula é rejeitada e a hipótese alternativa Ha é aceite.

5.3 RECOMENDAÇÕES:

Com base nas conclusões acima referidas, são formuladas as seguintes recomendações

❖ É necessária a construção de mais infra-estruturas comunitárias, tendo em conta o aumento da população nas zonas de estudo.

❖ Os dados mostram que em Maradun há falta de gado e de equipamento de construção. A FCA em Maradun deve redobrar os seus esforços no sentido de fornecer estas instalações.

❖ São necessárias acções de formação regulares sobre as infra-estruturas comunitárias de pequena escala, para que a comunidade beneficie das instalações.

❖ É altamente recomendável que o governo aumente o financiamento da FCA e da FUG para a sustentabilidade dos programas de Fadama

III.

❖ É necessário examinar e avaliar a transferência de tecnologia entre os beneficiários e o acompanhamento das infra-estruturas rurais em curso. Este esforço ajudará a corrigir os erros do passado.

CAPÍTULO 8

PERCEPÇÃO DOS AGENTES DE EXTENSÃO SOBRE AS NECESSIDADES DE FORMAÇÃO EM MATÉRIA DE ALTERAÇÕES CLIMÁTICAS NO PROJECTO DE DESENVOLVIMENTO AGRÍCOLA DE ZAMFARA ESTADO DE ZAMFARA DA NIGÉRIA

RESUMO

O estudo foi concebido para avaliar e identificar as necessidades de formação dos agentes de extensão em matéria de alterações climáticas no Projeto de Desenvolvimento Agrícola de Zamfara, no Estado de Zamfara, na Nigéria. Foi selecionada uma amostra total de 120 pessoas, divididas em duas zonas e na sede do PDA, nomeadamente: Zona 1 70 Zonas, Zona II 40 e sede 10. Foram realizadas entrevistas presenciais para obter resultados exactos. Os dados foram analisados utilizando frequências, médias, percentagens e métodos descritivos. As principais conclusões retiradas deste documento foram seis tarefas principais desempenhadas pelos agentes de extensão: previsão do tempo sobre as alterações climáticas, questões, manutenção de registos, utilização de projetor multimédia, criação de SPATs para monitorizar os impactos das alterações climáticas, utilização das TIC e planificação de programas. A perceção dos inquiridos sobre as competências necessárias para os agentes de extensão sobre as alterações climáticas revelou que 40 (33,3%) dos inquiridos referiram a medição da velocidade do vento. Cerca de 18 (15%) concordaram em adquirir conhecimentos sobre questões de desertificação. Um total de

33 (27,5%) e 16 (13,3%) referiram a medição da intensidade da chuva e do sol, respetivamente. A percentagem mais baixa, 3 (2,5%) e 10 (8,3%), concordaram em adquirir conhecimentos sobre desflorestação e competências de Internet, respetivamente. Recomenda-se que o ADP de Zamfara

O pessoal de extensão deve receber formação intensiva sobre a utilização das TIC, a medição da velocidade do vento, a intensidade da luz solar e a recolha e análise de dados, para os ajudar a lidar com questões relacionadas com as alterações climáticas. Com base nos resultados acima referidos, rejeita-se a hipótese nula e aceita-se a hipótese alternativa.

1.0 INTRODUÇÃO:

Mendelson e Dinar analisam grande parte do importante trabalho sobre as implicações das alterações climáticas para a agricultura, centrando-se particularmente nos países em desenvolvimento. A sua mensagem é que uma adaptação económica eficiente reduz significativamente os efeitos estimados das alterações climáticas.

Através de vários canais de adaptação (modificação das culturas e das técnicas) nas terras agrícolas existentes, deslocação das culturas para novas terras e resposta à alteração dos preços de mercado, estas perdas foram invertidas, resultando em pequenos aumentos da produção a nível mundial (0 a 1 por cento), mesmo antes de se considerarem os efeitos positivos dos fertilizantes à base de dióxido de carbono (Rilly, 1999).

De facto, a menos que se estime o efeito das alterações climáticas a nível mundial, não existe um limite óbvio para a variação do preço de mercado mundial dos produtores agrícolas (em qualquer direção) e, por conseguinte, não há forma de determinar a direção ou a magnitude do desvio. Se a adaptação se revelar tão eficaz como estimam Mendelson e Dinar ou Darwin e outros (1995) e se o efeito do dióxido de carbono nos fertilizantes aumentar o rendimento em 10 a 15 por cento dos produtos agrícolas, os preços poderão, de facto, diminuir acentuadamente. Embora uma descida dos preços constitua certamente um benefício económico para os consumidores, os países exportadores de produtos agrícolas poderão sofrer perdas significativas em termos de bem-estar.

Tendo em conta os desenvolvimentos acima referidos, o papel da Extensão Agrícola é responsável por fornecer informação pública e programas educativos que possam ajudar os agricultores a mitigar os efeitos das alterações climáticas (MOE, FRN, 2003). Jibowo (2005) afirmou que os dois objectivos principais dos Projectos de Desenvolvimento Agrícola (ADP) eram aumentar a produção alimentar e o nível de rendimento dos pequenos agricultores através de serviços de extensão agrícola bem coordenados. Assim, o sistema de extensão no país deve melhorar as suas actividades para se manter à frente deste perigo global (Adisa & Balogun, 2012).

Duncan (1957) sugeriu que o agente de extensão recém-contratado deve receber formação sobre a tarefa que vai desempenhar no seu trabalho. Acrescentou ainda que a formação é um processo contínuo no trabalho de extensão e que deve ser planeada e organizada independentemente do método utilizado para a sua implementação. Do mesmo modo, Anka (2000) identificou as competências necessárias aos agentes de extensão no Estado de Zamfara, na Nigéria, e recomendou que os agentes de extensão se concentrassem mais em competências técnicas como a agronomia, a proteção das culturas, a horticultura, a economia agrícola e o marketing no desempenho das suas funções.

Há necessidade de analisar regularmente as competências técnicas e o desempenho profissional dos agentes de extensão que fazem a mediação entre as instituições agrícolas e os agricultores-alvo nas questões agrícolas (Anka, 2014). Richardson e Eckard (1972) identificaram três papéis que os profissionais da extensão têm de desempenhar. Para satisfazer as necessidades exigidas por estes papéis, dizem que os agentes de extensão devem estar preparados profissionalmente e devem desenvolver diferentes competências e capacidades que esses papéis exigem deles.

1.1 DECLARAÇÃO DO PROBLEMA:

O Serviço de Extensão da Nigéria é atormentado por vários problemas, tais como a inadequação e a instabilidade do financiamento, o fraco apoio logístico ao pessoal no terreno, a utilização de pessoal mal formado a nível local, em particular o pessoal de extensão que trabalha no Ministério da Agricultura, nos Projectos de Desenvolvimento Agrícola e nos Trabalhadores de Extensão do Governo Local. A extensão do sector público na Nigéria foi criticada por não fazer o suficiente, por não fazer bem e por não ser relevante. Este fracasso foi atribuído à má formulação e implementação dos programas de extensão. Consequentemente, muitos programas de extensão não tinham uma ligação coerente tanto com o clima dos agricultores como com o sector da investigação agrícola.

1.2 OBJECTIVOS:

O objetivo geral do estudo era avaliar as necessidades de formação dos agentes de extensão sobre as questões relacionadas com as alterações climáticas no PEA do Estado de Zamfara.

❖ Identificar as tarefas desempenhadas pelos agentes de extensão do ZADP em relação às questões das mudanças climáticas.

❖ Determinar as áreas de trabalho em que os agentes de extensão do ZADP necessitavam de formação adicional em questões de mudanças climáticas.

❖ Identificar as competências em matéria de alterações climáticas necessárias e possuídas pelos agentes de extensão.

❖ Recomendar algumas estratégias para resolver os vários problemas identificados.

1.3 HIPÓTESE:

São apresentadas as seguintes hipóteses

Ho. A tarefa desempenhada pelos agentes de extensão sobre questões relacionadas com as alterações climáticas não é relevante para as necessidades e aspirações da sociedade.

Ha. A tarefa desempenhada pelos agentes de extensão é relevante para as necessidades e aspirações da sociedade.

Ho. Não existem diferenças significativas entre o nível de competências em matéria de alterações climáticas de que os Agricultores necessitam e o nível de que dispõem, tal como é percepcionado pelos Agentes de Extensão.

Ha. Existem diferenças significativas entre o nível de competências em matéria de alterações climáticas de que os Agricultores necessitam e o nível que os Agentes de Extensão consideram possuir.

2.0 REVISÃO DA LITERATURA:

A revisão da literatura relacionada com o tema da investigação é apresentada do seguinte modo

Anka L.M. 2000, Identificou algumas competências e

Competências necessárias aos Agentes de Extensão Agrícola do Estado de Zamfara para melhorarem o seu desempenho e produtividade na transferência de Tecnologia Agrícola para os agricultores. O autor sugere que os agentes de extensão devem concentrar-se nas competências técnicas no desempenho das suas funções.

Anka L.M. 2014, Avaliar os factores que afectam a aceitação de inovações agrícolas na Área do Governo Local de Zurmi no Estado de Zamfara da Nigéria. Os resultados do inquérito sobre a razão pela qual as inovações foram rejeitadas revelaram que 27 (33,7%) dos inquiridos indicaram que a responsabilidade é das más estradas. Do mesmo modo, 40 (50%) indicaram que as restrições financeiras são responsáveis pela não aceitação de inovações. Cerca de 22 (27,5%) dos inquiridos concordaram que deveriam ser prestados mais conselhos de extensão.

Khuskh, M.A, Memon, R.A e Khushk, A.M. (1989) concluíram

De entre as 10 competências muito importantes, quatro (classificações 2, 3, 5 e 8) pertenciam à área dos métodos de ensino. O estudo revelou ainda que a maioria dos inquiridos (50%) era da opinião de que os simpósios do seminário seriam benéficos para eles. A primeira escolha expressa pelos inquiridos (91,66%) foi que os cursos de formação e outros programas de educação contínua fossem organizados a nível das explorações agrícolas.

Adisa, R.S. e Balogun, K.S. (2012) examinaram as tarefas desempenhadas pelos agentes de extensão no EKSADP relacionadas com as alterações climáticas e as áreas de tarefa em que necessitavam de formação adicional. O estudo revelou que as principais tarefas desempenhadas pelos agentes de extensão em matéria de alterações climáticas diziam respeito a questões relacionadas com a educação dos agricultores sobre o controlo das pragas (90,9%), a prestação de aconselhamento técnico aos agricultores (84,8%) e a criação de SPAT para monitorizar o impacto das alterações climáticas (81,8%).

Bindlish, V. e Robert, E.E. (1997) revelaram que as zonas servidas pela extensão têm rendimentos mais elevados e que, nessas zonas, os rendimentos mais elevados são alcançados pelos agricultores que participam diretamente nas actividades de extensão. Consequentemente, a extensão contribui para colmatar as lacunas entre os rendimentos que podem ser obtidos com as tecnologias existentes e os que são efetivamente obtidos pelos agricultores.

Nwaliej, H.U. e Onwubuya, E.A. (2012) Investiga as práticas de adaptação às alterações climáticas entre os produtores de arroz no Estado de Anambra, na Nigéria. Os resultados mostraram que a maioria (80%) dos inquiridos estava consciente das alterações climáticas e que as suas medidas de adaptação na produção de arroz incluíam a utilização de variedades melhoradas, o cultivo de variedades resistentes a alimentos e a pragas/doenças, a diversificação da produção de culturas incluía a utilização de variedades melhoradas, o cultivo de variedades resistentes a inundações e a pragas/doenças, a diversificação da produção de culturas múltiplas, a adoção de lavoura mínima/zero, o ajustamento do calendário de plantação e a utilização moderada de agro-químicos e fertilizantes, entre outros.

Wahab et al, (2014) Identificaram domínios em que o pessoal do PEA exerce

A prestação de serviços de extensão de base necessita de formação e os problemas no terreno exigem uma intervenção da investigação. As principais conclusões desta investigação mostraram que as áreas mais importantes em que são necessárias formações são os cursos de longa duração, as formações de reciclagem de curta duração, a formação antes da época e a recolha, processamento e análise de dados.

A revisão da literatura acima referida mostra que vários académicos realizaram uma série de trabalhos de investigação sobre vários aspectos da extensão relacionados com as necessidades de formação.

3.1 METODOLOGIA

O seu papel envolve a divulgação de informação, o reforço das capacidades dos agricultores através da utilização de uma variedade de métodos de comunicação e a ajuda aos agricultores para tomarem decisões informadas.

Para uma cobertura eficaz da extensão, o ZADP está dividido em duas zonas agrícolas, como se segue: Zona 1 Gummi e Zona II Kaura Namoda. O estudo adoptou a análise do trabalho ou ocupacional e principal. Isto implica a identificação das tarefas desempenhadas pelo pessoal da organização e também a identificação das tarefas em que o pessoal necessita de mais formação para as desempenhar bem.

3.2 **População para o Estudo**: A população para o estudo é constituída pelos extensionistas selecionados na Zona 1, Zona II e sede da ZADP.

Seleção da amostra: A seleção da amostra foi feita de forma a abranger toda a organização utilizando a amostragem aleatória da seguinte forma

Zona	N.º de amostras

Zona I	70	
Zona II	40	
Sede social	10	
Total	120	

3.3 Recolha e análise de dados:

Foram recolhidos dados dos inquiridos da amostra sobre os antecedentes socioeconómicos, tais como a idade, a situação profissional e o nível de educação. O instrumento utilizado para a recolha de dados foi um questionário estruturado. Os dados foram analisados com recurso a estatísticas descritivas, como a frequência, a percentagem e a média. As variáveis relativas às necessidades de formação, tais como o planeamento de demonstrações, a utilização de escolas de campo para agricultores, a avaliação de ensaios, o registo e a elaboração de relatórios e a utilização de tecnologias da informação e da comunicação relacionadas com as questões das alterações climáticas, foram medidas utilizando uma escala de tipo semelhante de A4 pontos, variando entre

Muito 4

Bastante necessário 3

Pouco Necessário 2

De modo algum 1

Foi utilizado para classificar as áreas de necessidades de formação dos agentes de extensão. Uma pontuação média de 3 ou mais indicava áreas com necessidades de formação. Enquanto que uma pontuação média inferior a 3 indicava áreas onde a formação não era necessária.

4.1 RESULTADOS E DISCUSSÕES:

Caraterísticas pessoais dos inquiridos: N = 120

Quadro 1 Sexo, idade, nível de instrução, experiência profissional, estado civil, dimensão do agregado familiar e experiência profissional dos inquiridos.

Sexo: Os dados apresentados na Tabela 4.1.1 mostram que 90 (75%) dos inquiridos são do sexo masculino. Enquanto 30 (25%) são inquiridos do sexo feminino nas áreas de estudo.

Idade: a opinião dos inquiridos sobre a idade é apresentada na Tabela 4.1.2. Os resultados mostram que 50 (41,6%) inquiridos pertencem ao grupo etário dos 20-29 anos. Enquanto 30 (25%) inquiridos pertencem ao grupo etário dos 30-39 anos. Cerca de 25 (20,8%) pertencem ao grupo etário dos 40-49 anos. Por último, 15 (12,5%) pertencem ao grupo etário dos 50 anos ou mais. As constatações acima estão de acordo com Anka 2007, que relatou que os especialistas em extensão inquiridos 24% estavam na faixa etária dos 31-50 anos, enquanto os profissionais agrícolas inquiridos estavam na faixa etária dos 22-32 anos.

Educação: A percentagem de inquiridos relativamente à educação é apresentada na Tabela 4.1.3. Os resultados revelaram que 45 (37,5%) agentes de extensão do PDA de Zamfara tinham habilitações académicas até ao nível do Diploma Nacional. Enquanto 43(35.8%) possuíam HND. Um total de 22 (18,3%) inquiridos são licenciados com B.Sc. Agric Hons. Apenas 10 (8,3%) possuem graus de mestrado. Os resultados acima referidos estão de acordo com Adisa

et-al (2012), que relataram que mais de metade dos inquiridos eram titulares de HND 60,6%. Seguiram-se os titulares de B.Sc. Agric 24,2%. Cerca de 9,1% eram detentores de M.Sc. Apenas alguns eram titulares de OND. Na Nigéria, acredita-se geralmente que o trabalho de extensão é um trabalho de baixo estatuto, adequado para candidatos que possuem qualificações mais baixas. (Ejembi e Omoregbe, 2006).

Experiência profissional: Perceção dos inquiridos relativamente à experiência profissional dos Agentes de Extensão do PEA de Zamfara. Os resultados mostraram que 24(20%) tinham experiência de trabalho como agentes de extensão entre 1 - 4 anos. A maioria dos inquiridos, 60 (50%), tinha uma experiência de 11 a 20 anos. Enquanto que 20 (16,6%) tinham estado ao serviço entre 21 e 30 anos. Apenas 16 (13,3%) estão ao serviço há 30 anos ou mais. O tempo de serviço é um indicador do empenhamento de uma pessoa na carreira que escolheu. (Ejembi e Omoregbee 2006) opinaram que é necessário que uma organização ponha em prática programas frequentes de formação e retenção para reforçar este empenhamento.

Estado civil: Os resultados do inquérito relativos ao estado civil dos inquiridos são apresentados na Tabela 4.1.5. Os resultados revelaram que 66 (55%) dos inquiridos são casados. Apenas 5 (4,1%) são solteiros. Cerca de 19 (15,8%) são viúvos. Um total de 30 (25%) inquiridos são divorciados. As constatações acima estão de acordo com Anka, 2007, que relatou que 18 (72%) Especialistas em Extensão eram casados. Cerca de 7 (28%) não eram casados ou estavam a pedir em casamento. Do mesmo modo, 10 profissionais agrícolas, representando 33,3%, eram viúvos. Proprietários de terras - Agricultores (L.A) 4(80%) eram casados. Apenas 1 (20%) não era casado.

Dimensão do agregado familiar: De acordo com os dados apresentados no Quadro 4.1.6 relativos à dimensão do agregado familiar. Mostram que 26 (21,6%) têm entre 1 e 4 pessoas. Cerca de 42 (35%) têm entre 5 e 8 pessoas. A maioria dos inquiridos da amostra tem entre 9 e 15 pessoas. Apenas 12 (10%) dos inquiridos têm 15 pessoas ou mais.

Caraterísticas pessoais dos inquiridos:

Quadro 4.1.1: SEXO

Sexo dos inquiridos	Frequência	%
Masculino	90	75
Feminino	30	25
Total	120	100

Fonte: Resultados do inquérito, 2016

Quadro 4.1.2: Idade:

Idade dos inquiridos	Frequência	%
20 - 29	50	41.6
30 - 39	30	25.0
40 - 49	25	20.8
50 anos ou mais	15	12.5
Total	120	100

Fonte: Resultados do inquérito, 2016

Quadro 4.1.3: Educação:

Nível de escolaridade	Frequência	%
OND	45	37.5
HND	43	35.8
Licenciatura.	22	18.3
Mestrado.	10	8.3
Total	120	100

Fonte: Resultados do inquérito, 2016

Tabela 4.1.4: Experiência profissional:

Experiência profissional	Frequência	%
1 - 10 anos	24	20
11 - 20 anos	60	50
21 - 30 anos	20	16.6

Mais de 30 anos	16	13.3
Total	120	100

Fonte: Resultados do inquérito, 2016

Quadro 4.1.5: Estado civil:

Estado civil	Frequência	%
Casado	66	55
Individual	05	4.1
Viúva	19	15.8
Divorciado	30	25
Total	120	100

Fonte: Resultados do inquérito, 2016

Quadro 4.1.6: Dimensão do agregado familiar:

N.º de pessoas	Frequência	%
1 - 4 pessoas	26	21.6
5 - 8 pessoas	42	35
9 - 15 pessoas	40	33.3
15 anos ou mais	12	10
Total	120	100

Fonte: Resultados do inquérito, 2016

Tarefas realizadas pelos inquiridos sobre questões relacionadas com as alterações climáticas:

Foi pedido aos Agentes de Extensão que indicassem as tarefas que desempenhavam em questões relacionadas com as alterações climáticas. Os resultados são apresentados na Tabela 2, que mostra 6 tarefas principais realizadas pelos agentes de extensão. Estas foram: previsão do tempo sobre as alterações climáticas 22(18.3%) manutenção de registos sobre as alterações climáticas 26(21.6%) utilização de projetor multimédia para ensinar questões sobre as alterações climáticas, 7(5.8%) criação de SPATS para monitorizar os impactos das alterações climáticas 35(29.1%) utilização das Tecnologias de Informação e Comunicação (TIC) 16(13.3%) planificação de programas sobre as alterações climáticas 14(11.6%). As constatações acima referidas são apoiadas por Adisa et al 2012 que referiram 9 tarefas principais desempenhadas pelos agentes de extensão no PEA do Estado de Ekiti. Estas eram o aconselhamento técnico educativo aos agricultores 84,8% o desenvolvimento de tecnologias indígenas para mitigar os impactos das alterações climáticas 81,8% a análise estatística dos dados de campo sobre as alterações climáticas 75,8%.

Quadro 2: Distribuição percentual dos inquiridos com base em Tarefas realizadas:

Tarefas executadas	Frequência	%

Previsão do tempo sobre as alterações climáticas	22	18.3
Manutenção de registos sobre questões relacionadas com as alterações climáticas	26	21.6
Utilização de um projetor multimédia para ensinar questões relacionadas com as alterações climáticas	7	5.8
Criação do SPAT para monitorizar os impactos das alterações climáticas	35	29.1
Utilização das tecnologias da informação e da comunicação (TIC)	16	13.3
Planeamento de programas sobre questões relacionadas com as alterações climáticas	14	11.6
Total	120	100

Fonte: Resultados do inquérito, 2016

Necessidades de formação dos agentes de extensão:

A perceção dos inquiridos relativamente às áreas de necessidades de formação em matéria de alterações climáticas é apresentada no

Quadro 3. Os resultados revelaram que 13 (10,8%) dos inquiridos têm competências em matéria de alterações climáticas. Enquanto 6 (5%) concordaram com a formação em agro-química para reduzir as ervas daninhas. A maioria dos inquiridos, 40 (33,3%), referiu ter formação em análise estatística de dados de campo sobre questões de alterações climáticas. Um total de 15 (12,5%) e 32 (26,6%) concordaram que precisavam de competências em Avaliação de trilhos sobre tecnologias relacionadas com as alterações climáticas e Registo e comunicação dos impactos das alterações climáticas, respetivamente. Apenas 14 (11,6%) referiram a necessidade de formação sobre a utilização de práticas culturais para mitigar os impactes das alterações climáticas. Os resultados acima referidos são apoiados por Wahab et al (2014), que referiram que as áreas-chave mais frequentes em que são necessárias acções de formação são os cursos de longa duração (16%), a formação de reciclagem de curta duração (32%), a formação de pré-época (9%), a formação em gestão para o pessoal administrativo (50%) e a formação especializada para especialistas na matéria (49%).

Tabela 3: Perceção dos inquiridos do PEA de Zamfara sobre as áreas de necessidade de formação em matéria de alterações climáticas:

Descrições	Frequência	%
Competências de previsão meteorológica sobre as alterações climáticas	13	10.8

Formação em agro-química para reduzir as ervas daninhas	6	5
Análise estatística de dados de campo sobre questões relacionadas com as alterações climáticas	40	33.3
Avaliação das pistas sobre tecnologias relacionadas com as alterações climáticas	15	12.5
Registar e comunicar os impactos das alterações climáticas	32	26.6
Utilização de práticas culturais para atenuar os impactos das alterações climáticas	14	11.6
Total	120	100

Fonte: Resultados do inquérito, 2016

A perceção dos inquiridos relativamente às competências necessárias aos Agentes de Extensão sobre as alterações climáticas é apresentada na Tabela 4. Os resultados revelaram que, 40(33.3%) dos inquiridos relataram que a medição da velocidade do vento. Cerca de 18 (15%) concordaram em adquirir conhecimentos sobre questões de desertificação. Um total de 33 (27.5%) e 16 (13.3%) relataram a medição da quantidade de precipitação. Enquanto que, a percentagem mais baixa de inquiridos 3(2.5%) e 10(8.3%) concordaram em adquirir conhecimentos sobre desflorestação e competências de E-mail/Internet, respetivamente. As constatações acima estão em consonância com Onyeme e Iwachuckwu, (2012) que relataram necessidades de formação sobre questões relacionadas com as alterações climáticas, sobre estratégias adaptativas às alterações climáticas (90,2%), medição da intensidade da luz solar (90,2%), medição da quantidade de precipitação (84,3%), medição da velocidade do vento (84,3%). Isto mostra que os extensionistas do PEA de Zamfara precisam de formação sobre as alterações climáticas e as questões relacionadas com o clima, para que possam responder e adaptar-se às alterações climáticas e ajudar os agricultores a fazer o mesmo. Assim, Agbamu (2005) salientou que um dos problemas enfrentados pelos extensionistas na Nigéria é a falta de oportunidades de formação, o que pode afetar a formação em cursos relacionados com as alterações climáticas.

Tabela 4: Distribuição dos inquiridos por competências em matéria de alterações climáticas necessárias para os Agentes de Extensão.

Competências necessárias	Frequência	%
Medição da velocidade do vento	40	33.3
Conhecimento da desertificação	18	15
Medição da intensidade da luz solar	33	27.5

Medição da quantidade de precipitação	16	13.3
Conhecimento da desflorestação	3	2.5
Aquisição de competências no domínio do correio eletrónico/Internet	14	11.6
Total	120	100

Fonte: Resultados do inquérito, 2016

De acordo com a informação apresentada no Quadro 5 sobre as Competências Técnicas necessárias aos Agentes de Extensão para ajudar os seus Agricultores. Os resultados mostram que 28 (23,3%) dos inquiridos concordaram em educar os agricultores sobre o controlo de pragas. Do mesmo modo, 32 (26,6%) concordam com a prestação de aconselhamento técnico aos agricultores. Cerca de 20 (16,6%) ofereceram assistência a especialistas na matéria em áreas de necessidade. A maioria dos inquiridos 34 (28,3%) concordou em oferecer formação sobre agro-químicos para reduzir as ervas daninhas. Apenas 6(5%) gostariam de oferecer demonstração de métodos de resultados para ensinar os agricultores.

Tabela 5: Distribuição dos inquiridos por Competências Técnicas necessárias aos Agentes de Extensão para ajudar os Agricultores:

Competências necessárias para ajudar os agricultores	Frequência	%

Educar os agricultores sobre as pragas Controlo	28	23.3
Prestação de aconselhamento técnico aos agricultores	32	26.6
Prestar assistência a especialistas na matéria em áreas de necessidade	20	16.6
Formação de competências em agro-químicos para reduzir o controlo de ervas daninhas	34	28.3
Resultado/Método de demonstração para ensinar os agricultores.	6	5
Total	120	100

Fonte: Resultados do inquérito, 2016

Métodos de ensino sobre as alterações climáticas:

A opinião relativa aos métodos de ensino sobre as alterações climáticas é apresentada na Tabela 6. Os resultados mostram que 34 (28,3%) dos inquiridos concordaram em selecionar, desenvolver e utilizar materiais didácticos adequados. Enquanto 25 (20,8%) aceitaram apresentar informações com materiais sonoros/imagens animadas e vídeos gravados. Do mesmo modo, 12 (10%) opinaram que devem ser realizados painéis de discussão em grupo, seminários e outras técnicas de dinâmica de grupo. Cerca de 26 (21,6%) e 15 (12,5%) referiram utilizar a abordagem de resolução de problemas para desenvolver competências de tomada de decisões e planear, organizar e realizar excursões, visitas de estudo e outros métodos de comunicação de massas, respetivamente. Finalmente, 8 (6,6%) concordaram em utilizar computadores no ensino de extensão.

Tabela 6: Distribuição dos inquiridos relativamente aos métodos de ensino sobre alterações climáticas:

Métodos de ensino	Frequência	%
Selecionar, desenvolver e utilizar materiais didácticos adequados	34	28.3
Apresentar informações com som/filmes e materiais gravados em vídeo	25	20.8
Conduzir debates de grupo/painéis, seminários e outras técnicas de dinâmica de grupo	12	10
Utilizar a abordagem de resolução de problemas para desenvolver competências de tomada de decisões	26	21.6
Planear, organizar e realizar visitas guiadas, visitas de estudo e outros métodos de comunicação de massas	15	12.5

Utilização de computadores no ensino de extensão	8	6.6
Total	120	100

Fonte: Resultados do inquérito, 2016

Teste de hipóteses:

A Hipótese Nula testada foi a seguinte:

1.   A tarefa desempenhada pelos agentes de extensão sobre questões climáticas não é relevante para as necessidades e aspirações da sociedade.

2.   Não *existem* diferenças significativas entre o nível de competências em matéria de alterações climáticas de que os Agricultores necessitam e o nível que os Agentes de Extensão consideram possuir.

3.   Foi observada uma diferença significativa entre as competências necessárias e as competências possuídas para todas as competências. Por conseguinte, a hipótese nula foi rejeitada e a hipótese alternativa foi aceite.

5.1 RESUMO, CONCLUSÕES E RECOMENDAÇÕES

5.2 **Resumo:** O presente estudo foi concebido para avaliar as necessidades de formação dos agentes de extensão sobre questões relacionadas com as alterações climáticas no PEA de Zamfara, no Estado de Zamfara, na Nigéria. Foi selecionada uma amostra total de 120 pessoas divididas em duas zonas e na sede do ADP, nomeadamente:

Zona I 70, Zona II 40 e sede 10. Utilizou-se uma escala de tipo "Like of scale" para classificar as áreas de necessidades de formação dos agentes de extensão. Foi realizada uma entrevista presencial para obter resultados precisos dos inquiridos. Os dados foram analisados usando frequências, médias, percentagens e métodos descritivos. Os resultados das principais constatações foram interpretados para se chegar a conclusões.

5.3 **Conclusões:** As principais conclusões retiradas deste trabalho são as seguintes

1. As seis principais tarefas desempenhadas pelos agentes de extensão foram a previsão do tempo sobre as alterações climáticas 22(18.3%) manutenção de registos sobre as alterações climáticas 26(21.6%) utilização de projetor multimédia para ensinar questões sobre as alterações climáticas 7(5.8%) criação de SPATs para monitorizar os impactos das alterações climáticas 35(29.1%) utilização das TIC 16(13.5%) planificação de programas sobre as alterações climáticas 14(11.6%).

2. A perceção dos inquiridos em relação às competências necessárias aos agentes de extensão sobre as alterações climáticas revelou que 40 (33,3%) dos inquiridos referiram a medição da velocidade do vento. Cerca de 18 (15%) concordaram em adquirir conhecimentos sobre questões de desertificação. Um total de 33 (27,5%) e 16 (13,3%) referiram a medição da intensidade da luz solar e a medição da precipitação, respetivamente. Enquanto a percentagem mais baixa de

inquiridos, 3 (2,5%) e 10 (8,3%), concordou em adquirir conhecimentos sobre desflorestação e competências na Internet, respetivamente.

3. A opinião relativa aos métodos de ensino sobre as alterações climáticas mostrou que 34 (28,3%) dos inquiridos concordaram em selecionar, desenvolver e utilizar materiais didácticos adequados. Enquanto 25 (20,8%) aceitaram apresentar informações com filmes sonoros e materiais gravados em vídeo. Do mesmo modo, 12 (10%) opinaram que deveriam efetuar debates em grupo/painel. Cerca de 26 (21,6%) e 15 (12,5%) referiram utilizar a abordagem de resolução de problemas para desenvolver competências de tomada de decisões. Cerca de 8 (6,6%) concordaram em utilizar computadores no ensino e na investigação no âmbito da extensão.

5.4 Recomendações:

> Com base nas conclusões acima apresentadas, são feitas as seguintes recomendações.

> Os agentes de extensão que trabalham para o PEA de Zamfara devem ser formados na utilização das TIC, de modo a facilitar uma comunicação atempada e eficaz das questões relacionadas com as alterações climáticas.

> O pessoal do ADP de Zamfara que trabalha na estação de recolha de dados meteorológicos deve receber formação adequada sobre a medição da velocidade da intensidade do vento na luz do sol, conhecimentos sobre desertificação e medição da precipitação.

> É importante incluir as questões relacionadas com as alterações climáticas no programa de extensão agrícola através dos ADP.

> É necessária uma formação intensiva sobre a análise da recolha de dados e a interpretação dos resultados do kef, especialmente para o pessoal de M&A a quem cabe a responsabilidade da recolha de dados.

> A investigação sobre questões relacionadas com as alterações climáticas é muito necessária numa base regular, pelo menos de 90 em 90 dias, para monitorizar as mudanças que ocorrem nas alterações climáticas. Isto também ajudará os decisores políticos do PEA a formular políticas e estratégias que contribuam para a atenuação das alterações climáticas.

CAPÍTULO 9

ANÁLISE SWOT DA AGRICULTURA NO ESTADO DE ZAMFARA (2010 -2017)

Introdução:

A análise de forças, fraquezas, oportunidades e ameaças é uma técnica básica que é frequentemente utilizada em estratégias, na melhoria do sucesso empresarial, no desenvolvimento organizacional e na identificação de vantagens competitivas, de modo a obter uma melhor compreensão das iniciativas propostas.

Situação concorrencial:

Existem muitas organizações do sector público e privado que prestam serviços de extensão à comunidade agrícola do Estado. A maior parte delas tem um registo bem documentado de sucesso na implementação de técnicas de extensão aos agricultores, enquanto poucas registaram fracassos a este respeito.

Benefícios da análise SWOT para o sector agrícola no Estado de Zamfara:

1. Ajudará as organizações de extensão a identificar e capitalizar as oportunidades em vez de perderem a concorrência.

2. Fornece uma base para objectivos de informação qualitativa.

3. Tornar os programas de extensão mais sensíveis à evolução das necessidades e dos desejos dos agricultores.

4. Proporciona às organizações de extensão um nível de simulação

intelectual das estratégias.

5.   Melhora a imagem das organizações de extensão e dos agentes de extensão que transmitem a mensagem real aos agricultores.

Principais ameaças à agricultura no Estado de Zamfara:

1.   O aumento da temperatura é superior ao aumento global.

2.   Alterações na precipitação média.

3.   Alterações na disponibilidade de água para irrigação.

4.   Acontecimentos extremos como inundações, secas, calor, ondas, vagas de frio, ciclones, etc.

5.   Diminuição da duração da estação de crescimento.

6.   Perdas/Aumentos de rendimento.

7.   Stress fisiológico dos animais devido a temperaturas elevadas.

8.   Perdas de produtividade (leite e carne) devido a temperaturas elevadas.

9.   Stress na reprodução da conceção devido a temperaturas elevadas.

10.   Redução da produtividade das culturas forrageiras.

11.   Aumento das necessidades hídricas dos animais e das culturas forrageiras.

12.   Enormes perdas em infra-estruturas, culturas e gado, que ameaçam a segurança alimentar em resultado das alterações climáticas.

Oportunidades:

1.   Existem grandes oportunidades na produção de algodão no Estado de Zamfara.

2.   Oportunidades de criação de sociedades cooperativas para participar na produção de algodão.

3.   Existem oportunidades para ressuscitar as 9 fábricas de descaroçamento e a indústria têxtil, o que criará oportunidades de emprego para os jovens que abandonam a escola.

4   O Estado de Zamfara é o segundo maior produtor de amendoim do país Existem oportunidades para pequenos, médios e grandes agricultores interessados na produção de amendoim

5   O programa especial de irrigação implementado pelo Governo do Estado registou 98% de sucesso, tendo todos os 1000 poços tubulares / lavatórios sido abertos com êxito. A aquisição de bombas de água, mangueiras, fertilizantes especializados, agro-químicos e sementes variadas está concluída.

6   A atual Agenda de Transformação Agrícola do Governo Federal proporcionou oportunidades de emprego em todos os 36 Estados da Federação através de actividades agrícolas baseadas na tecnologia, orientadas para a procura e para o mercado, utilizando uma abordagem de cadeia de valor

7   O Estado de Zamfara está a implementar o projeto de agricultura de base comunitária e de desenvolvimento rural do FIDA. Foram

disponibilizadas oportunidades para a sensibilização e o reforço das capacidades e para o desenvolvimento de infra-estruturas

8   O NIRSAL (CBN) pode ajudar os Grupos Federados de Fadama no Estado de Zamfara a utilizar eficazmente o sistema financeiro para libertar o seu potencial de negócio agrícola

9   Estão disponíveis oportunidades para os cidadãos do Estado de Zamfara que são membros do Grupo de Utilizadores de Fadama beneficiarem do Fundo de Participação dos Utilizadores de Fadama (FUEF)

10   O Gabinete de Coordenação do Estado de Zamfara da Fadama III proporcionou diferentes oportunidades aos cidadãos do Estado de Zamfara, nomeadamente

a.   75% dos agregados familiares de Fadama que beneficiaram diretamente das actividades do projeto aumentaram os seus rendimentos reais em 40% em 2013.

b.   Aumento de 2,0% no rendimento dos produtos agrícolas primários desagregados por culturas/agro-silvicultura, pecuária e pesca do agregado familiar participante.

c.   75% dos utilizadores de Fadama estão satisfeitos com as operações, a manutenção e a utilização das infra-estruturas comunitárias e dos bens de capital adquiridos através do projeto.

d.   50% dos activos e das infra-estruturas pertencentes à comunidade estão a funcionar satisfatoriamente e são mantidos e utilizados.

Força da agricultura no Estado de Zamfara:

> O Estado de Zamfara possuía terras férteis para a produção agrícola.

> Uma equipa dedicada de profissionais da agricultura especializados em várias disciplinas agrícolas.

> Produtos de financiamento agrícola de fácil utilização fornecidos pelo Governo do Estado, pelo Banco da Agricultura e pelo Banco da Indústria.

> Estimular os investimentos do sector privado nos domínios da agricultura comercial, da transformação e da exportação do algodão.

> Criação de oportunidades de emprego para a população do Estado através da agricultura de pequena, média e grande escala.

> O Estado de Zamfara teve um excelente desempenho na implementação do modelo de extensão FFS Farmers Field School em 2012.

> O programa especial de irrigação do Estado de Zamfara registou 98% de sucesso, uma vez que todos os 1000 poços tubulares / furos de lavagem foram abertos com sucesso em 2013.

> A execução do programa Fadama III do Estado de Zamfara registou um êxito. Está classificado em 3º lugar em 36 Estados da Federação. Na zona política do Noroeste, está classificado em 1º lugar

entre 7 Estados.

> Inta-ginnery Tsafe, no Estado de Zamfara, foi selecionada pelo WACOT para mobilizar as cooperativas/exploradores à sua volta para produzir algodão em caroço.

> O Estado de Zamfara tem potencial para a produção de gado, aves de capoeira e mantém uma mão de obra bem qualificada nos domínios da saúde animal.

Deficiências da agricultura no Estado de Zamfara:

> O financiamento insuficiente do governo afecta seriamente a execução dos programas governamentais no Estado.

> Escassez de instrumentos agrícolas para os agricultores de média e grande dimensão.

> Os jovens profissionais do sector agrícola não têm acesso regular a oportunidades de formação.

> Falta de insumos suficientes para os pequenos agricultores, tais como fertilizantes, pesticidas e insecticidas.

> Os jovens rapazes e raparigas do Estado de Zamfara não estão interessados na agricultura. A maioria dos estudantes interessa-se por medicina veterinária e gestão de gado. Se a situação se mantiver nos próximos anos, haverá falta de mão de obra agrícola, tanto a nível inferior como a nível de gestão.

> Infra-estruturas rurais deficientes, tais como infra-estruturas

físicas como estradas, abastecimento de água, instalações de armazenamento e infra-estruturas de mercado.

> Grave desemprego entre os jovens, tanto nas zonas urbanas como nas zonas rurais do Estado de Zamfara. Esta situação pode afetar a consecução da segurança alimentar numa base sustentável.

> Existem canais de comercialização inadequados nas zonas rurais, em especial no que respeita aos produtos alimentares e outros produtos agrícolas.

Desafios da agricultura no Estado de Zamfara:

> A elevada taxa de inflação reduz o valor das colheitas.

> Os baixos salários do pessoal incentivam os trabalhadores agrícolas a dedicarem-se a actividades privadas mesmo quando estão em serviço.

> Uma incapacidade geral dos produtores analfabetos para controlar os negócios da sua sociedade através do mecanismo de reunião dos membros animais.

> Como é que se processa a formação no local de trabalho e a formação contínua?

> Que liberdade têm os indivíduos para definir os seus programas de trabalho?

> Os pequenos agricultores que vivem nas zonas rurais não têm acesso ao crédito agrícola. Tanto o governo estadual como o federal

devem ajudá-los neste domínio.

> A recuperação do empréstimo junto dos beneficiários tornou-se muito difícil, pelo que é necessário melhorar este aspeto.

> Fuga de cérebros entre o pessoal agrícola que trabalha com o Governo do Estado. Estes procuram nomeações externas em resposta às dificuldades sentidas no Estado.

> Não pagamento atempado do financiamento de contrapartida e perda total de confiança dos doadores estrangeiros para prolongar o período de vida do projeto.

> Algumas das políticas foram criticadas pelo facto de serem excessivamente penalizadoras para os pequenos agricultores.

Desafios enfrentados pela ADP no Estado de Zamfara:

> Os desafios enfrentados pela ADP limitaram seriamente o desempenho e, consequentemente, a produção e a produtividade dos agricultores/produtores e de outros actores da cadeia de valor agrícola.

> Um outro desafio é o sistema/abordagens de extensão de cima para baixo, não participativo e orientado para a oferta, e a fraca focalização nas mulheres, nos jovens e nos grupos vulneráveis.

> Falta de sinergia, com os projectos apoiados pelos doadores domiciliados no ADP.

Responder aos desafios acima referidos:

Estes desafios serão efetivamente enfrentados através das seguintes estratégias:

> Criar um ambiente propício e favorável ao funcionamento de um sistema de extensão pluralista (público e privado) eficaz e eficiente.

> Institucionalização de um sistema de extensão funcional para impulsionar a ATA e de uma ferramenta de gestão para envolver eficaz e ativamente todas as partes interessadas.

> Recrutamento e formação de um número adequado de agentes de extensão e reabilitação das infra-estruturas e instalações degradadas.

> Proporcionar uma capacitação robusta para os extensionistas, agricultores e suas associações, actores nas várias cadeias de valor dos produtos de base visados e outros grupos de interesse num sistema de extensão baseado no conhecimento (Arokoyo, 2012).

REFERÊNCIAS

Abbot A. (1981) - School Gardening and Agriculture in New York, Oxford University Press, Londres, Reino Unido.

Adams M.E. (1984) - Agricultural Extension in Developing Countries, Documento publicado pelo Banco Mundial, Washington DC, EUA.

Anderson J.R e Feder G. (2004) - Agricultural Extension: Good Intensions and Hard Realities, World Bank Research Observer, Vol. 19, No. 1, primavera de 2004, Pp 41 - 60.

Anka L M. e Khooharo A.A. (2010) - Uma avaliação do trabalho de extensão agrícola no Estado de Zamfara da Nigéria. Modern Agriculture Hyderabad, Paquistão, Vol. 20, No. 4 e 5th julho - agosto de 2010, Pp 38 - 40.

Anka L M. (2000) - Identification of skills and Professional Competences Needed by Agricultural Extension Agents in Zamfara State of Nigeria. Jornal The Legacy, Governo do Estado de Zamfara, 2 a 8 de outubro de 2000, página 6.

Anka L.M., 2012 How Fast Agriculture should grow in Nigeria (A rapidez com que a agricultura deve crescer na Nigéria). Jornal Legacy, Governo do Estado de Zamfara, segunda-feira, 6 de fevereiro[th] , 2012 p. 24.

Anka L.M., Corporate Farming in Nigeria A viable option (Agricultura empresarial na Nigéria: uma opção viável). Jornal Legacy, Governo do Estado de Zamfara Segunda-feira 30th janeiro, 2012.

Anka, L.M.: Têxteis de algodão na Nigéria: Matters Arising Legacy Newspaper Zamfara State Government, segunda-feira 3rd dezembro, 2012 página 16.

Anka, L.M. 1995 Rural Development in Pakistan. A Theoretical Analysis. Jornal de Desenvolvimento Rural. Sindh L.G e Academia de Desenvolvimento Rural Tandojam Sindh, Paquistão, outubro, 1995.

Anka, L.M. 2012 Dinâmica do desenvolvimento rural na Nigéria. Issues and Policies published by Lambart Academic Publishers, Germany ISBN No. 978-3-659-16580-1 2012.

Anka, L.M., Taheran, A. Memon, R.A., e Khooharo, A. 2009 Poverty Alleviation Initiatives the role of Village Development organizations. Revista Grassroots. Centro de Estudos do Paquistão, Universidade de Sindh Jamshoro, Sindh, Paquistão, Vol. XXXIX - junho de 2009 p1-11.

Anka, L.M. 2013 Iniciativa de Transformação Rural: A Case Study Of IFAD Community Driven Development Project in Zamfara State of Nigeria. Um capítulo para um livro proposto sobre Desenvolvimento Agrícola no Estado de Zamfara.

Anka, L.M. et al, 2009 Poverty Alleviation Initiatives the role Of Village Development Organizations in District Sanghar. Grassroots Journal Pakistan Study Centre University of Sindh Jamshoro, Vol. XXXIX - junho de 2009 p. 11.

Anka, L.M. and Shaikh, F.M. 2010 Contribution of Public Setor And NGOs to Rural Livelihoods Improvement in Sindh Province of Pakistan

(Contribuição do sector público e das ONG para a melhoria dos meios de subsistência rurais na província de Sindh do Paquistão). Journal of New horizons Greenwich University Karachi, Pakistan, Vol. 4, Issue No. 2 July 2010 pp 84 - 104.

Anka, L.M. 2013 Transformação Agrícola em Ação. The Role of ZACAREP Programme in Anka and Bukkuyum LGAs in Zamfara State of Nigeria. Capítulo de livro sobre Agricultura no Estado de Zamfara, Nigéria.

Anka, L.M. 2010 Empirical Analysis of the Determinants of Rural Poverty in Sindh Province of Pakistan [Análise empírica dos determinantes da pobreza rural na província de Sindh do Paquistão]. Tese de doutoramento apresentada à Universidade de Sindh, Jamshoro, Sindh, Paquistão.

Anka, L.M. (2014) Perceção dos agricultores e estratégias de adaptação às alterações climáticas na área do governo local de Faskari, Estado de Katsina, Nigéria. Documento de investigação não publicado sobre questões relacionadas com as alterações climáticas.

Anka, L.M. 2014 Avaliação dos factores que afectam a aceitação das inovações agrícolas no governo local de Zurmi, Estado de Zamfara, Nigéria. Jornal Global de Ciência e Pesquisa de Fronteira em Agricultura e Ciências Veterinárias Vol. 14 Edição 3 Versão 1.0 ano 2014. MPRA Paper No. 58501, http//mpra.ub.uni-munchen.de///58501/

Anka, L.M. (2000) Identification of Skills and Professional

Competencies Needed by Agric Extension Agents in Zamfara State of Nigeria. The Legacy (Agriculture) Zamfara State Government Newspaper 2 - 8 October, 2000 pg. 6.

Agbamu, J.U (2005) Problems and Prospects of Agricultural Extension Service in Developing Countries (Problemas e Perspectivas do Serviço de Extensão Agrícola nos Países em Desenvolvimento). Em SF Adedoyin (Ed) Agric Extension in Nigeria ARMTI, Ilorin, AESON Issue No. 2 páginas 52 - 62.

Anka, L.M. (200&) Perceção dos métodos de ensino utilizados nos programas agrícolas para adultos. Um estudo de caso dos distritos hidratados de Tandojam, província de Sind do Paquistão. Tese de doutoramento apresentada às Fundações e Instituto de Futurística do Paquistão, Islamabad, Paquistão.

Adisa, R.S. e Balogun, K.S. (2012) Análise das Necessidades de Formação dos Agentes de Extensão sobre questões de alterações climáticas no Projeto de Desenvolvimento Agrícola do Estado de Ekiti (ADP). Journal of Agricultural Extension Vol. 16 No. 2, dezembro, 2012 páginas 24-33.

Anka L.M. (2017). Um projeto para a produção de algodão no Estado de Zamfara, na Nigéria. Um relatório apresentado ao Ministério da Agricultura e Recursos Naturais Samaru, Gusau Zamfara State Nigeria. 14th janeiro, 2017.

Burki, 1993, Peoples First: A Guide for Self-Reliance Participatory rural Development. Publicado por Zed Book Ltd. Caledonian Road,

Londres.

Bankang J.A. (1981) - Agricultural Information service Courtesy of United African Company, London, UK.

Bila U. (1977) - News Letter of Institute of Agricultural Research, Ahmadu Bello University, Zaria, publicado pela ABU Press.

CGIAR (1998) - Factors Influencing Awareness and Adoption of Sorghum Varieties in Nigeria. Shaping the CGIARs Future International Centres Week, 1988, Washington DC.   Documento n.º KW/98/13

www.worldbank.org/html/cgiar/publications

Dada A. (1996) - Avaliação dos factores que afectam a aceitação de inovações agrícolas na área governamental local de Gusau, estado de Zamfara, Nigéria. Trabalho de projeto não publicado apresentado ao Federal College of Education, (Technical) para atribuição do NCE, 1996.

Darwin, R. Marinos, T., Jan, L. e Raneses, A. (1995) World Agric & Climate Change Economic Adaptations (AER) 703 US

Serviço de Investigação Económica do Departamento de Agricultura Washington DC.

Duncan, J.A. (1957) Training Cooperative Extension Workers. Serviço de Extensão Cooperativa. Universidade de Wisconsin Madison, EUA.

Eze H. 1972 - Practical Gardening and Agriculture in Tropical Countries. Ojihams Books Limited, Londres, Reino Unido.

GFN, 2010 Terceiro Projeto Nacional de Desenvolvimento de Fadama (FMARD) Boletim Informativo de Fadama III, primeiro número de 2010.

GFN, 2012 Terceiro Projeto Nacional de Desenvolvimento de Fadama (FMARD) Fadama III Boletim informativo do Gabinete de Coordenação de Fadama, Abuja, outubro de 2012.

FGN, 2013 Terceiro Projeto Nacional de Desenvolvimento de Fadama (FMARD) Fadama III Boletim informativo do Gabinete de Coordenação de Fadama, Abuja, agosto de 2013 5th Edição.

Gazala, M. e Rao, V, 2004 Community Based Driven Develop. A Critical review. The World Bank research observer, Vol. 19 No. 4 Spring 2004 pp 1 - 24.

Hassan, U. 1996: A Positive Approach to Economics of Agriculture and Rural Development. Rural Development in Nigeria Vol. 2 No. 1 June 1986 pp 31-37.

IFPRI, 2007 Fortalecimento das Comunidades, Redução da Pobreza: O Projeto Fadama III da Nigéria. Boletim Informativo do Fórum do IFPRI Out/Nov. 2007 página 8.

IFPRI, 2007 Fortalecimento das Comunidades, Redução da Pobreza: O Projeto Fadama da Nigéria. Boletim Informativo do Fórum do IFPRI, outubro/novembro de 2007, página 8.

IFPRI, 2009 Investimento na agricultura e no desenvolvimento rural na América Latina e nas Caraíbas Resultados mistos IFPRI Forum

Newsletter Vol. 2 2009 www.ifpri.org.

Jibowo, A.A. (2005) History of Agricultural Extension in Nigeria in Adedoyin, S.F (ed) Agricultural Extension in Nigeria Ilorin. Sociedade de Extensão Agrícola da Nigéria pp 1 - 5.

Khan, M.H. 2009 Participatory Rural Development in Pakistan Experience of Rural Support Programmes (Desenvolvimento Rural Participativo no Paquistão: Experiência de Programas de Apoio Rural). Oxford University Press, Karachi, Paquistão.

Khushk, M.A, Memon, R.A e Khushk (1989) An Analysis of Professional and Technical Competencies Needed by Agric Officers in Sindh, Pakistan, Journal of Agriculture, Agricultural Engineering and Veterinary Sciences, Vol. 5 No. 1 - 2 January - December, 1989.

Lipton, 2005 The family Farm in a Globalizing World. The role Of Crop science in alleviating poverty vision 2020 Discussion Paper No. 40 IFPRI Washington www.ifpri.org/publs/catlog.htm#briefs.

Money B. (1976) - Climate, Soil and Vegetation, University of London Tutorial Press Limited, Londres, Reino Unido.

Memon, M.Y. e D.L. Williams (1990), Perceptions of Extension Worker in Relation to Farmers. Pakistan Journal of Agriculture, Agric Engineering and Veterinary Sciences Vol. 6 No. 1 - 2 Jan - Dec. 1990 páginas 73 - 79.

Ministério do Ambiente da República Federal da Nigéria, MOE, FRN 2003. Primeira comunicação da Nigéria no âmbito da

Convenção-Quadro das Nações Unidas sobre as Alterações Climáticas, Abuja, Nigéria.

NAERLS e NFRA 2009 Inquérito de desempenho agrícola para a estação húmida no Estado de Zamfara da Nigéria. Relatório n.º 002 do NAERLs A.B.U. Zaria.

NAERLS e NFRA 2017 Inquérito ao desempenho agrícola para a estação húmida no Estado de Zamfara da Nigéria. Relatório n.º 001 do NAERLs A.B.U. Zaria.

NAERLs e NERA 2009: Inquérito sobre o desempenho agrícola na estação húmida no Estado de Zamfara, Nigéria. NAERLs, A.B.U Zaria Report No. 002,

Nwachukwu, I.N. and Eze, C.J. 2007 Impact of Selected Rural Development Programmes on Poverty Alleviation in Ikwuano LGA Abia State of Nigeria. African Journal of Food and Agriculture Vol. 7 No. 5 2007.

Omokere, (1961) - Ata de um seminário organizado pela Divisão de Faculdades de Agricultura, Universidade Ahmadu Bello ABU Zaria, Nigéria.

Ovojobi (1972) - Rural Sociology Principles and Practice in Tropical and Semitropical Countries B. A. Printer Limited, Wallop Hampshire, USA.

Ogundero, G.I. 2007 Avaliação do Programa ZACAREP do Estado de Zamfara. Primeiros três anos de implementação. Projeto do último ano apresentado ao FCET Gusau para atribuição do NCE Agric. 2007.

Ogunna, A. E. C., 1988 The history of Local Govt. and Rural Development in Eastern Nigeria. A transformação de

Rural Society in Eastern Nigeria 1970 - 1976. NIPSS Kuru Jos, publicado por 4th Dimension Publishers.

Onyeme, N.F. e Iwuchuku, J.C (2012) Responsiveness of Extension Workers to climate change in Anambra State of Nigeria (Capacidade de resposta dos trabalhadores da extensão às alterações climáticas no Estado de Anambra, Nigéria). Jornal de Extensão Agrícola,. Vol. 16 No. 1, junho, 2012 páginas 88 - 99.

Rajalahti R. (2009) - Promoting Agricultural Innovation System Approach. Departamento de Agricultura e Desenvolvimento Rural, Banco Mundial, Washington DC.

Reilly, J. (1999) What does climate change mean for Agriculture in Developing Countries? Um comentário sobre Mendelson e Dinar. World Bank Research observer Vol. 14 No. 2 August, 1999 pages 295-300.

Richardson, C.M. e M.L. Eckard, (1972). A guide to success in Extension For New Colorado Extension Employees; Colorado State University Fort Collins, Colorado, USA.

Roseboo M.J. (2004) - Adoção de uma perspetiva de sistema de inovação agrícola. Implication for ASARECA Strategy, Documento de Planeamento Estratégico ASARECA n° 7.

Torero, M. 2008 Latin America, Challenges and Opportunities.IFPRI Forum Newsletter Commentary Page 7 July, 2008 www.ifpri.org.

Wahab, A.A. Ladan, E.O; Adedoyin, T.F; A.L. Baidu, Okworie e Ornan, H. (2014) Melhoria da formação do pessoal dos projectos de desenvolvimento agrícola para uma prestação eficaz de serviços de extensão agrícola na Nigéria. Journal of Agricultural Extension Vol. 18 No. 1, junho, 2014 páginas 130 - 141.

ZMSG 2001 A Handbook of Zamfara State Publicado pelo Ministério da Informação, Governo do Estado de Zamfara 2001.

ZMSG 2005, Zamfara State Year Book publicado pelo Ministério da Informação, Governo do Estado de Zamfara da Nigéria 2004.

ZMSG 2005, Zamfara State Tourist Guide publicado pelo Ministério da Cultura e do Turismo, Governo do Estado de Zamfara.

ZADP 2000: Resumo do Projeto de Desenvolvimento Agrícola de Zamfara apresentado pelo Governo do Estado aos membros do GPC e da ADPEC.

ZMSG. 2008: Relatório anual sobre os progressos e realizações do Ministério da Agricultura e dos Recursos Naturais, Estado de Zamfara, Nigéria Publicado pelo Departamento de Planeamento, Investigação e Estatística.

ZMSG. 2010: Relatório anual sobre os progressos e realizações do Ministério da Agricultura e dos Recursos Naturais, Estado de Zamfara, Nigéria Publicado pelo Departamento de Planeamento, Investigação e Estatística.

ZMSG, 2004 Componente ZACAREP do Programa de Desenvolvimento

Integrado do Estado de Zamfara. Preparado pelo Comité Técnico de Coordenação TCC.

ZMSG, 2009 Gabinete de Coordenação da Fadama do Estado de Zamfara, Relatório Anual de Progresso de 2009 apresentado na reunião do Comité Técnico da Fadama realizada na segunda-feira 15th fevereiro de 2010.

ZMSG (2017) Relatório do Memorando de Entendimento do Estado de Zamfara para o Programa de Reinstalação Fulani da NCA. A Solution to Cattle Rustling and Farmers and Fulani Clash in Northern Nigeria. Documento apresentado na 42nd Reunião Ordinária na Assembleia Nacional de

Conselho da Agricultura e do Desenvolvimento Rural. De 8 a 12 de fevereiro de 2017.

ZMSG (2017). Relatório do MOU do Estado de Zamfara para o Conselho Nacional de Agricultura NCA sobre a necessidade de legislação sobre o Sistema de Comercialização de Algodão e a Política de Preços na Nigéria. Um documento apresentado na 42nd Reunião regular do Conselho Nacional de Agricultura e Desenvolvimento Rural do Estado de Kano, Nigéria. De 8 a 12 de fevereiro de 2017.

ZMSG (2017). Potenciais e Oportunidades Agrícolas no Estado de Zamfara. Um projeto de relatório apresentado ao Projeto de Investigação e Desenvolvimento Arewa pelo Comité Diretor do Estado de Zamfara sobre Industrialização Agrícola e Desenvolvimento Empresarial.

Printed by Books on Demand GmbH, Norderstedt / Germany